Manual de
MATEMÁTICAS

Binomio, trigonometría, Nº complejos, polinomios, ecuaciones, derivadas

ISBN: 9798864536780

Edición EMD

Índice general

1. Combinatoria, binomio de Newton y simbología **5**

  1.1. Los números naturales y racionales. Combinatoria.

  1.2. El símbolo Σ 7

  1.3. Combinatoria 8

    1.3.1. Variaciones ordinarias

    1.3.2. Variaciones con repetición

    1.3.3. Combinaciones

    1.3.4. Combinaciones con repetición

    1.3.5. Numeros combinatorios

    1.3.6. Binomio de Newton

  1.4. Ejercicios propuestos 14

2. Trigonometría **15**

  2.1. Trigonometría

    2.1.1. Trigonometría plana

    2.1.2. Relación entre estas medidas

    2.1.3. Angulos complementarios y suplementarios

  2.2. Razones trigonométricas 18

    2.2.1. Ángulos notables

    2.2.2. Relación entre las razones trigonométricas de ángulos en distintos cuadrantes

          19

  2.3. Relaciones fundamentales en un triángulo . . . .

    2.3.1. Funciones recíprocas

    2.3.2. Resolución de triángulos

    2.3.3. Fórmulas trigonométricas

    2.3.4. Ejercicios resueltos

    2.3.5. Ejercicios propuestos

  2.4. Funciones trigonométricas 26

    2.4.1. Propiedades fundamentales

    2.4.2. La tangente, cotangente, secante y cosecante

    2.4.3. **Funciones trigonométricas inversas**

3. Números complejos **31**

  3.1. Introducción

  3.2. El cuerpo de los números complejos 32

  3.3. Inmersión de $\mathbb{R}$ en $\mathbb{C}$ 33

3.4. Representación geométrica de los números complejos 35

3.5. Módulo y argumento

3.6. Raíces de números complejos 38

3.7. Aplicación al cálculo trigonométrico 39

3.8. Ejercicios 40

4. Polinomios   **43**

4.1. Factorización de polinomios

5. Funciones lineales y cuadráticas. Circunferencia y elipse   **48**

5.1. Función lineal y cuadrática. Curvas de primer y segundo grado

5.1.1. Ecuaciones en dos variables.

5.1.2. Ecuación de primer grado. La recta

5.1.3. Líneas de segundo orden. Cónicas

6. Funciones exponencial y logarítmica   **58**

6.1. Función exponencial

6.2. Función logarítmica 60

6.2.1. **Función logarítmica de base cualquiera**

7. Límites y continuidad   **63**

7.1. Límite de una función en un punto

7.1.1. Propiedades

7.1.2. Límites laterales

7.1.3. Dos límites fundamentales

7.1.4. Funciones equivalentes en un punto

7.2. Funciones continuas 68

7.2.1. Propiedades de las funciones continuas en un punto

7.2.2. Funciones monótonas continuas e inversas

7.2.3. Ejercicios

8. Derivabilidad de funciones   **75**

8.1. Derivada

8.1.1. Cálculo de derivadas

9. Integrales de funciones. Primitivas   **80**

9.1. Concepto de primitiva

9.2. Integración de funciones elementales

9.3. Integración por descomposición 84

9.4. Integración por sustitución 85

9.5. Integración por partes 86

9.6. Integración de funciones racionales 89

9.7. Integración de funciones trigonométricas 92

9.8. Ejercicios 95

9.8.1. Ejercicios propuestos   100

Glosario   **103**

Capítulo 1

Combinatoria, binomio de Newton y simbología

> **Sumario.** El principio de inducción. El símbolo sumatorio. Conceptos y fórmulas del análisis combinatorio: variaciones, permutaciones y combinaciones. Números combinatorios. Binomio de Newton. Ejercicios.

1.1. Los números naturales y racionales. Combinatoria.

Sabemos que los naturales se notan por $\mathbb{N}$ y son $\{0, 1, 2, \ldots\}$, podemos definir en ellos una suma y un producto, propiedades que el alumno conoce y domina, aquí recordaremos el principio de buena ordenación y el método de inducción.

Principio de buena ordenación.- Todo subconjunto no vacio tiene primer elemento.

Método de inducción.- Dado un subconjunto U de $\mathbb{N}$, cuyos elementos se caracterizan por verificar la propiedad P, es decir, $U = \{k \in \mathbb{N} \, / \, P(k)\}$; si se verifica:

1. La propiedad es cierta para un valor inicial. ($0 \in U$ o $1 \in U$)

2. Si un natural verifica la propiedad, también la verifica el siguiente. ($k \in U \Rightarrow k + 1 \in U$)

entonces $U \equiv \mathbb{N}$.

Observaciones.- Si en lugar de 1 se verifica que $\tilde{n} \in \mathbb{N}$, U será el conjunto $\{\tilde{n}, \tilde{n} + 1, \tilde{n} + 2, \ldots\}$.

Si en lugar de 2 se verifica ($k \in U \Rightarrow k + 2 \in U$), entonces U sería el conjunto de los números pares o el de los impares, según sea $0 \in U$ o $1 \in U$.

Se usa cuando necesitamos demostrar que una propiedad que depende de un número natural, es cierta para todos los números naturales.

Ejemplo 1.1 *Probar que*

$$
\begin{aligned}
1 + 2 + 3 + \cdots + n &= \frac{n(n+1)}{2} \\
1^3 + 2^3 + 3^3 + \cdots + n^3 &= \left(\frac{n(n+1)}{2}\right)^2
\end{aligned}
$$

Solución.- Para $n = 1$ es cierta, también lo comprobamos para $n = 2, 3, \ldots$

$$1 = \frac{1 \cdot (1+1)}{2}$$

$$1 + 2 = 3 = \frac{2(2+1)}{2}$$

supuesto cierta para $n = k$, que se le llama hipótesis de inducción, lo probamos para $n = k+1$.

$$1 + 2 + 3 + \cdots + k + (k+1) = \frac{k(k+1)}{2} + k + 1 = \frac{k(k+1) + 2(k+1)}{2}$$

$$= \frac{(k+2)(k+1)}{2}$$

la primera igualdad es consecuencia de la hipótesis de inducción y en la última hemos sacado factor común $(k+1)$.

Probamos ahora la segunda identidad:

Para $n = 1$ es cierta, también lo comprobamos para $n = 2$.

$$1^3 = \left[\frac{1 \cdot (1+1)}{2}\right]^2$$

$$1^3 + 2^3 = 9 = \left[\frac{2 \cdot (2+1)}{2}\right]^2$$

supuesto cierta para $n = k$, lo probamos para $n = k+1$.

$$1^3 + 2^3 + 3^3 + \cdots + k^3 + (k+1)^3 = \left[\frac{k(k+1)}{2}\right]^2 + (k+1)^3 = \frac{k^2(k+1)^2 + 4(k+1)^3}{4} =$$

$$= \frac{(k+1)^2 [k^2 + 4(k+1)]}{2^2} = \frac{(k+1)^2 [k^2 + 4k + 4]}{2^2} =$$

$$= \frac{(k+1)^2 (k+2)^2}{2^2} = \left[\frac{(k+1)(k+2)}{2}\right]^2$$

Ejercicio 1.1 *Probar que*

$$1^2 + 2^2 + 3^2 + \cdots + n^2 = \frac{n(n+1)(2n+1)}{6}$$

Ejercicio 1.2 *Probar que*

$$1 + 3 + \cdots + (2n - 1) = n^2$$

Ejercicio 1.3 *Probar que*

$$\frac{1}{1 \cdot 2} + \frac{1}{2 \cdot 3} + \frac{1}{3 \cdot 4} + \cdots + \frac{1}{n \cdot (n+1)} = 1 - \frac{1}{n}$$

Ejercicio 1.4 *Si $n + \frac{1}{n}$ es un número natural, también lo es $n^a + \frac{1}{n^a}$.*

Ejercicio 1.5 *Hallar la ley general que simplifica el producto*

$$\left(1 - \frac{1}{4}\right) \left(1 - \frac{1}{9}\right) \left(1 - \frac{1}{16}\right) \cdots \left(1 - \frac{1}{n^2}\right)$$

y demostrarlo por inducción.

1.2. El simbolo Σ

El simbolo $\sum_{i=1}^{n}$, se lee suma desde $i = 1$ hasta n, la letra i es el índice de sumación, y los números de abajo y arriba indican desde y hasta donde hemos de sumar. Así por ejemplo

$$\sum_{i=1}^{n} \frac{1}{i(i+1)} = \frac{1}{1 \cdot 2} + \frac{1}{2 \cdot 3} + \frac{1}{3 \cdot 4} + \cdots + \frac{1}{n \cdot (n+1)}$$

Observaciones:

A veces se usa el simbolo de sumación en un sentido más general, para representar la suma de todos los valores de una expresión, cuando varios índices que en ella figuran cumplen determinadas condiciones.

Ejemplo 1.2

$$\sum_{i+j+k=3} x^i y^j z^k = xyz + x^2 y + x^2 z + xy^2 + y^2 z +$$
$$+ xz^2 + yz^2 + x^3 + y^3 + z^3$$

Ejemplo 1.3

$$\sum_{i,j=1}^{2} x_i y^j = x_1 y^1 + x_1 y^2 + x_2 y^1 + x_2 y^2$$

La elección del índice carece de importancia, veamoslo con un ejemplo.

Ejemplo 1.4 *Expresar $\frac{1}{2^2} + \frac{1}{2^3} + \frac{1}{2^4} + \frac{1}{2^5} + \frac{1}{2^6}$ con el simbolo sumatorio, de varias formas.*

Solución.-

$$\frac{1}{2^2} + \frac{1}{2^3} + \frac{1}{2^4} + \frac{1}{2^5} + \frac{1}{2^6} = \sum_{i=2}^{6} \frac{1}{2^i}$$

$$\frac{1}{2^2} + \frac{1}{2^3} + \frac{1}{2^4} + \frac{1}{2^5} + \frac{1}{2^6} = \sum_{k=0}^{4} \frac{1}{2^{k+2}}$$

$$\frac{1}{2^2} + \frac{1}{2^3} + \frac{1}{2^4} + \frac{1}{2^5} + \frac{1}{2^6} = \sum_{n=1}^{5} \frac{1}{2^{n+1}}$$

Propiedades

1.

$$\sum_{k=1}^{n} (a_k + b_k) = \sum_{k=1}^{n} a_k + \sum_{k=1}^{n} b_k$$

2.

$$\sum_{k=1}^{n} c a_k = c \sum_{k=1}^{n} a_k$$

7

3.

$$\sum_{k=1}^{n} a = na$$

4. Telescópica

$$\sum_{k=1}^{n} (a_k - a_{k-1}) = a_n - a_0$$

Ejercicio 1.6 *Calcular*

$$\sum_{k=1}^{n} (2k - 1)$$

Sugerencia: $2k - 1 = k^2 - (k-1)^2$.

Ejercicio 1.7 *Calcular*

$$\sum_{k=1}^{n+r} a_k - \sum_{i=1+r}^{n+r} a_i$$

Ejercicio 1.8 *Razonar la veracidad o falsedad de las igualdades siguientes:*

1.

$$\sum_{k=1}^{n} \frac{\left(a_k - \sum_{k=1}^{n} \frac{a_k}{n}\right)^2}{n} = \sum_{k=1}^{n} \frac{a_k^2}{n} - \left(\sum_{k=1}^{n} \frac{a_k}{n}\right)^2$$

2.

$$\sum_{i=0}^{n} (2 + i) = \frac{5n + n^2}{2}$$

3.

$$\sum_{j=1+n}^{2n} \frac{1}{j} = \sum_{i=1}^{2n} \frac{(-1)^{i+1}}{i}$$

1.3. Combinatoria

La combinatoria es el arte de contar, y cuenta con dos principios básicos: el de adición y el de multiplicación.

Antes de abordar esto principios, recordemos que contar es hallar el número de elementos de un conjunto, es decir, el cardinal de dicho conjunto. Y la primera forma de contar fue establecer correspondencias biyectivas entre los conjuntos a contar y los subconjuntos de $\mathbb{N}$, de la forma $\{1, 2, \ldots, n\}$.

Ejemplo 1.5 *¿Cúantos números tiene el conjunto $\{7, 8, 9, \ldots, 53\}$?*
Solución.

$$
\begin{array}{ccccc}
7 & 8 & 9 & \cdots & 53 \\
\downarrow & \downarrow & \downarrow & & \downarrow \\
1 & 2 & 3 & \cdots & 53 - 6
\end{array}
$$

Ejemplo 1.6 *¿Cúantos números hay entre m y n, con $m < n$?*
   Solución.

$$
\begin{array}{ccccc}
m & m+1 & m+2 & \cdots & n = m+(n-m) \\
\downarrow & \downarrow & \downarrow & & \downarrow \\
1 & 2 & 3 & \cdots & (n-m)+1
\end{array}
$$

Ejemplo 1.7 *¿Cúantos números hay entre 597 y 3378?*
   Solución. $3378 - 597 + 1$.

Ejemplo 1.8 *¿Cúantos números impares hay entre 597 y 3378?*
   Solución.

$$
\begin{array}{ccccc}
597 & 599 & 601 & \cdots & 3377 \\
\downarrow & \downarrow & \downarrow & & \downarrow \\
2(298)+1 & 2(299)+1 & 2(300)+1 & \cdots & 2(1688)+1
\end{array}
$$

y entre 298 y 1688, hay $1688 - 298 + 1$.

Principio de adición.- Si se desea escoger un objeto que puede presentar r tipos distintos, y que para el primer tipo hay n_1 opciones, para el segundo tipo tenemos n_2 opciones, ..., y para el $r - ésimo$ n_r; entonces para escoger un elemento tenemos $n_1 + n_2 + \cdots + n_r$ formas distintas.

Principio de multiplicación.- Si un suceso se realiza en k fases y para la primera fase tenemos n_1 posibilidades, para la segunda n_2, ..., y para la última n_k; entonces el número de formas en que se puede dar el suceso es $n_1 \cdot n_2 \cdots \cdots n_k$.

Ejemplo 1.9 *Si dispongo en mi armario de 5 camisas, 3 pares de pantalones, 6 pares de calcetines, y dos pares de zapatos. ¿De cuántas formas distintas puedo vestirme?*

Solución.- Por el principio de multiplicación serán:

$$
5 \cdot 3 \cdot 6 \cdot 2 - 180
$$

formas distintas.

Ejemplo 1.10 *¿Cuántos números distintos de cuatro cifras se pueden formar con unos y ceros?*

Solución.- Para elegir el primer número sólo tenemos una posibilidad, y es el 1, para la segunda tenemos dos posibilidades, al igual que para la tercera y la cuarta, luego el número es:

$$
1 \cdot 2 \cdot 2 \cdot 2 = 8.
$$

Ejercicio 1.9 *¿Cuántos números de 5 cifras son pares?¿Cuántos empiezan por 5 y acaban en 8?*

Aunque con estos principios se pueden resolver gran cantidad de problemas, existen fórmulas que permiten hacer el conteo más rapidamente.

1.3.1. Variaciones ordinarias

Ejemplo 1.11 *¿Cuántas palabras distintas, tengan o no sentido, se pueden formar con las letras a, e, i, l, m, n, p, de manera que tengan cuatro letras distintas y la primera sea una vocal?*

Solución. Para la primera letra tenemos 3 posibilidades, 6 para la segunda, 5 para la tercera y 4 para la cuarta, luego:

$$3 \cdot 6 \cdot 5 \cdot 4 = 360$$

Observación. Si en el enunciado anterior, nos piden que la vocal este en tercer lugar, comenzanmos la construcción por ahí, es decir, comenzamos por la casilla que tenga más restricciones. No tienen relevancia los lugares en los que se producen las restricciones, sino cuales son estas.

Ejemplo 1.12 *¿Cuántos números de tres cifras mayores que 500 y pares se pueden formar con los dígitos 2,3,4,5 y 6?*

Solución. Para el primer lugar tenemos 2 posibilidades el 5 y el 6, para el segundo 5 y para el tercero 3, así el número de formas es:

$$2 \cdot 5 \cdot 3 = 30$$

Definición 1.1 *Una variación ordinaria (sin repetición) de n elementos de un conjunto A, tomados de m en m con $m \leq n$, es todo subconjunto ordenado formado por m elementos cualesquiera de A. Dos variaciones son distintas, cuando difieren en un elemento o en el orden de estos.*

Su número es:

$$n \cdot (n-1) \cdot (n-2) \cdots \cdot (n-(m+1)) = V_n^m = \frac{n!}{(n-m)!}$$

Observemos que para elegir al primer elemento tenemos n posibilidades, $n-1$, para el segundo, y para el m-ésimo tenemos $n-(m-1)$ formas, y basta aplicar el principio de multiplicación.

Ejemplo 1.13 *Dado el conjunto $A = \{a, b, c, d\}$ formar todas las variaciones ordinarias de esos cuatro elementos tomadas de tres en tres.*

Estas son

$$abc, abd, acb, acd, adb, adc$$
$$bac, bad, bca, bcd, bda, bdc$$
$$cab, cad, cba, cbd, cda, cdb$$
$$dab, dac, dba, dbc, dca, dcb$$

la forma más comoda de obtenerlas es mediante un diagrama de árbol.

Ejemplo 1.14 *Si en la F1 participan 20 coches, y supuesto que todos acaban la carrera, ¿de cuántas formas distintas puede estar formado el podium?*

Solución. El cajón está formado por tres escalones, y evidentemente no se pueden repetir, luego serían $V_{20}^3 = 20 \cdot 19 \cdot 18 = 6840$

Si $m = n$, las variaciones se denominan **permutacioes** (sólo se diferencian en el orden), se notan por P_n y su número es $n \cdot (n-1) \cdot (n-2) \cdots 2 \cdot 1$.

A este número se le denomina n factorial y se nota por $n!$.

Ejemplo 1.15 *¿De cuántas formas distintas se pueden sentar cinco personas en un banco?*
    Solución. *Sólo importa el orden, ya que se sientan todas, luego se trata de una permutación*

$$P_5 = 5! = 120$$

Observemos que $\frac{n!}{n} = (n-1)!$ y como $\frac{1!}{1} = 1 = 0!$, se define $0! = 1$.

1.3.2. Variaciones con repetición

Definición 1.2 *Si consideramos que los elementos pueden repetirse, se tienen las variaciones con repetición que se notan por RV_n^m y su número es n^m. Notemos que la restricción $m \leq n$, carece ahora de sentido.*

    Observemos que para la primera posición tenemos n posibilidades, n para la segunda, n para la tercera, ..., y n para la m-ésima posición.

Ejemplo 1.16 *¿Cuántas quinielas hay que rellenar para asegurar un pleno?*
    Tenemos tres elementos $1, x, 2$, que se pueden repetir y 15 partidos, por lo que son variaciones con repetición de tres elementos tomados de 15 en 15.

$$RV_3^{15} = 3^{15} = 14348907$$

1.3.3. Combinaciones

Definición 1.3 *Llamaremos combinaciones de orden m, de n objetos $a_1, a_2, \ldots, a_n$, a todos los subconjuntos de m elementos que se puedan formar, de modo que dos combinaciones son distintas si difieren en algún elemento.*

Dada una combinación m-aria, ordenando sus elementos de todas las formas posibles, obtenemos variaciones distintas. Cada combinación m-aria da lugar a $m!$ variaciones distintas. Por tanto, si C_n^m es el número de combinaciones, tendremos que:

$$V_n^m = C_n^m \cdot P_m \Rightarrow C_n^m = \frac{V_n^m}{P_m} = \frac{n!}{m!\,(n-m)!} = \binom{n}{m}$$

1.3.4. Combinaciones con repetición

Definición 1.4 *A los grupos de m objetos, distintos o repetidos, elegidos de entre un grupo de n elementos, se llaman combinaciones con repetición. Se nota por RC_n^m y su número es:*

$$RC_n^m = \binom{n+m-1}{m}$$

para obtener este número se reducen las combinaciones con repetición a combinaciones ordinarias, de la siguiente forma:

Dada una combinación con repetición, por ejemplo, $a_2a_2a_3a_3a_3a_4a_5$, se le incrementa el índice tantas veces como elementos le preceden, es decir, el 1º en 0, el 2º en 1, el 3º en 2, y así sucesivamete, obteniendo, $c_2c_3c_5c_6c_7c_9c_{11}$, así logramos que todos los índices resulten distintos y crecientes, ya que dos elementos consecutivos reciben índices que por lo menos difieren en 1.

Cada combinación con repetición de n elementos tomados de m en m, queda representada por una combinación ordinaria de $n + \overbrace{m-1}^{indices}$ elementos tomados de m en m.

Recíprocamente, toda combinación de orden m formada con los $n + m - 1$ elementos, una vez reordenada por índices crecientes, determina una combinación con repetición sin más que rebajar los índices sucesivos en $0, 1, \ldots, m-1$ unidades.

Ejemplo 1.17 *¿De cuántas formas distintas se pueden repartir 100 bolas en 25 urnas?*
Solución.

$$\binom{100 + 25 - 1}{25 - 1}$$

Ejemplo 1.18 *¿De cuántas formas se pueden repartir 100 bolas en 25 urnas, de manera que no quede ninguna vacia?*

Solución. *Tenemos que colocar una bola en cada urna, luego nos quedan 75 bolas a repartir en 25 urnas.*

$$\binom{75 + 25 - 1}{25 - 1}$$

Ejercicio 1.10 *¿Cuántas diagonales tiene un exágono? ¿Cuántas diagonales tiene un polígono regular de n lados?*

1.3.5. Numeros combinatorios

Definición 1.5 *Se define el número combinatorio $\binom{n}{k} = \frac{n!}{k!\,(n-k)!}$, que representa el número de subconjuntos de k elementos, que se pueden obtener de un conjunto de cardinal n.*

Propiedades

1.

$$\binom{n}{0} = 1 = \binom{n}{n}$$

2.

$$\binom{n}{1} = n$$

3.

$$\binom{n}{k} = \binom{n}{n-k}$$

Cada vez que escogemos un subconjunto de k elementos, dejamos univocamente determinado un subconjunto de $n - k$ elementos, y reciprocamente.

4. Identidad de Pascal

$$\binom{n}{k} = \binom{n}{k-1} + \binom{n-1}{k-1}$$

Sea $A = \{a_1, a_2, \ldots, a_n\}$ el conjunto de n elementos con el que queremos formar subconjuntos de k elementos. Nos fijamos en uno de ellos, por ejemplo, a_1. De todos los subconjuntos que hemos de formar algunos contendran a a_1 y otros no, así que podemos escribir:

Subconjuntos de k elementos = (subconjuntos de k elementos que contienen a_1)+(subconjuntos de k elementos que no contienen a a_1), es decir,

$$\binom{n}{k} = \overbrace{\binom{n-1}{k-1}}^{\substack{\text{elegido } a_1 \text{ nos quedan} \\ k-1 \text{ elementos por elegir}}} + \overbrace{\binom{n-1}{k}}^{\substack{\text{tenemos } n-1 \text{ elementos} \\ \text{y hemos de elegir } k}}$$

Esta propiedad permite calcular los números combinatorios mediante el triángulo de Tartaglia.

$$
\begin{array}{ccccccccc}
 & & & & 1 & & & & \\
 & & & 1 & & 1 & & & \\
 & & 1 & & 2 & & 1 & & \\
 & 1 & & 3 & & 3 & & 1 & \\
1 & & 4 & & 6 & & 4 & & 1 \\
\cdots & \cdots & \cdots & \cdots & \cdots & \cdots & \cdots & \cdots & \cdots
\end{array}
$$

1.3.6. Binomio de Newton

$$(x+y)^n = \sum_{i=0}^{n} \binom{n}{i} x^i y^{n-i}$$

La demostración se hace por inducción, y se deja como ejercicio.

1.4. Ejercicios propuestos

Ejercicio 1.11 *Demostrar que*

$$3 \cdot 5^{2n+1} + 2^{3n+1}$$

es múltiplo de 17.

Ejercicio 1.12 *Demostrar que para todo $n \geq 1$, se verifica:*

$$\sqrt{2 + \sqrt{2 + \sqrt{2 + \cdots + \sqrt{2}}}} < 2$$

Ejercicio 1.13 *Si $\frac{p}{q} < \frac{r}{s} \Rightarrow \begin{cases} \frac{p}{q} < \frac{p+r}{q+s} < \frac{r}{s} \\ \frac{p}{q} < \frac{pr+qs}{2qs} < \frac{r}{s} \end{cases}$*

Ejercicio 1.14 *Calcular:*

$$\sum_{i=0}^{n} \binom{n}{i}$$

Ejercicio 1.15 *Calcular:*

$$\sum_{i=0}^{n} i \binom{n}{i}$$

Ejercicio 1.16 *Sumar:*

$$\sum_{i=0}^{n} \frac{1}{i+1} \binom{n}{i}$$

Ejercicio 1.17 *Calcular*

$$\sum_{i+j=3} i^3 j^3$$

Ejercicio 1.18 *Desarrollar*

$$(a+b)^3$$
$$(a+b)^4$$

Ejercicio 1.19 *¿Qué es más fácil acertar el gordo de la loteria nacional, la loteria primitiva o una quiniela de 15?*

Capítulo 2

Trigonometría

> **Sumario.** Ángulos. Razones trigonométricas. Relaciones fundamentales en un triángulo. Funciones recíprocas. Resolución de triangulos. Fórmulas trigonométricas. Ejercicios.

2.1. Trigonometría

Trigonometría, rama de las matemáticas que estudia las relaciones entre los lados y los ángulos de triángulos, de las propiedades y aplicaciones de las funciones trigonométricas de ángulos. Las dos ramas fundamentales de la trigonometría son la trigonometría plana, que se ocupa de figuras contenidas en un plano, y la trigonometría esférica, que se ocupa de triángulos que forman parte de la superficie de una esfera. En esta sección nos centraremos en el estudio de los conceptos fundamentales de la trigonometría plana.

2.1.1. Trigonometría plana

El concepto de ángulo es fundamental en el estudio de la trigonometría. Así, un ángulo queda determinado por un par de semirrectas con origen en un mismo punto. Las semirrectas se llaman lado inicial y final. Al origen común se le denomina vértice del ángulo.

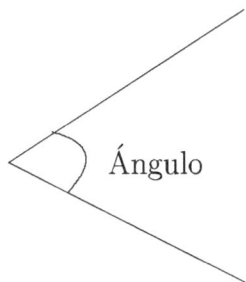

Teniendo en cuenta que las semirrectas son diferentes en cuanto a su identificación (lado inicial y final), se suele identificar ángulos de magnitud positiva si se generan con un radio que gira en el sentido contrario a las agujas del reloj, y negativo si la rotación es en el sentido de las agujas del reloj.

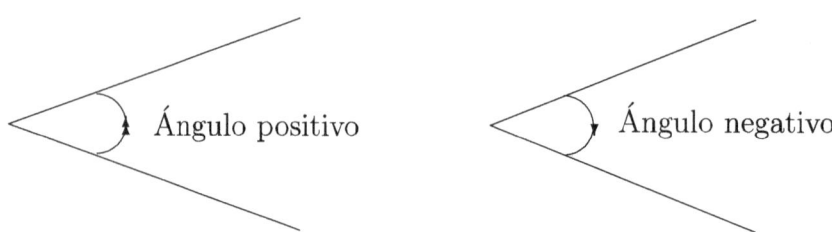

Por otro lado, existen diversas unidades a la hora de "medir" ángulos

- **Grado**. En trigonometría, un ángulo de amplitud 1 grado se define como aquel cuya amplitud es igual a 1/360 de la circunferencia de un círculo.

Las equivalencias son las siguientes:

- 360° = un giro completo alrededor de una circunferencia

- 180° = 1/2 vuelta alrededor de una circunferencia

- 90° = 1/4 de vuelta

- 1° = 1/360 de vuelta, etc.

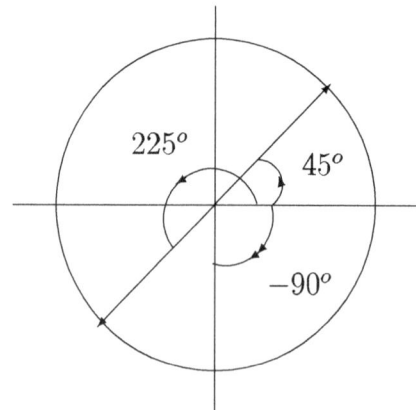

En ocasiones se utilizan los conceptos de minutos y segundos asociado como alternativa a la expresión "decimal" de ángulos. Así un grado se divide en 60 minutos, cada uno de los cuales equivale a 1/21.600 de la circunferencia de un círculo; cada minuto se divide en 60 segundos, cada uno de los cuales equivale a 1/1.296.000. Los grados se indican normalmente con el símbolo °, los minutos con ' y los segundos con ", como en 41°18'09", que se lee "41 grados 18 minutos y 9 segundos".

- **Radián.** Es la medida usual de ángulos en matemáticas. La medida, en radianes, de un ángulo se expresa como la razón del arco formado por el ángulo, con su vértice en el centro de un círculo, y el radio de dicho círculo. Esta razón es constante para un ángulo fijo para cualquier círculo.

La magnitud de un ángulo medido en radianes está dada por la longitud del arco de circunferencia, dividido por el valor del radio. El valor de este ángulo es independiente del valor del radio; por ejemplo, al dividir una pizza en 10 partes iguales, el ángulo de cada pedazo permanece igual, independiente si la pizza es pequeña o familiar.

De esta forma, se puede calcular fácilmente la longitud de un arco de circunferencia; solo basta multiplicar el radio por el ángulo en radianes.

$$Long.\_arco\_de\_circunferencia = [Ángulo\_en\_radianes] \quad \cdot \quad [Radio\_de\_la\_circunferencia]$$

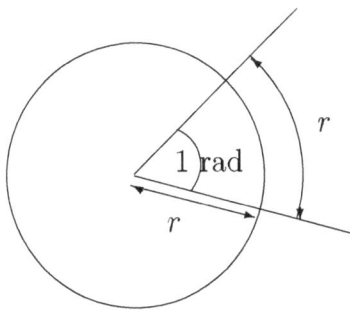

2.1.2. Relación entre estas medidas

Teniendo en cuanta las relaciones anteriores se tiene sin dificultad la siguiente relación:

$$2 \cdot \pi \ rad = 360 \ grados$$

a partir de la cual se obtiene de manera inmediata la conversión entre ambas unidades de medida.

2.1.3. Angulos complementarios y suplementarios

En general dos ángulos se dicen complementarios si verifican que su suma es igual a $\pi/2$ rad. (90 grados), por otro lado, se dice que dos ángulos son suplementarios si su suma es igual a π radianes (180 grados)

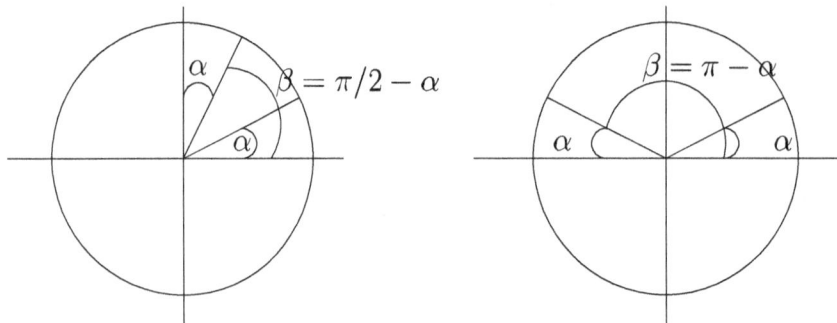

Ángulos complementarios   Ángulos suplementarios

2.2. Razones trigonométricas

Dado un ángulo cualesquiera, realizando un giro de manera adecuada podemos llevarlo a un sistema de referencia cartesiana que tiene origen en el punto (0,0), y la semirrectas inicial la haremos coincidir con el eje de abscisas.

A partir del **teorema de Tales** que afirma que , *"Si se cortan varias rectas paralelas por dos rectas transversales, la razón de dos segmentos cualesquiera de una de ellas es igual a la razón de los correspondientes de la otra. "*

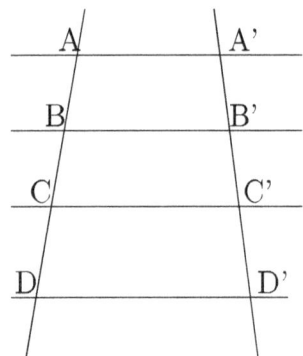

Obtenemos el siguiente resultado de manera inmediata: *"Dado un ángulo α si trazamos perpendiculares paralelas a uno de los lados, se determinan sobre éstos segmentos proporcionales"*.

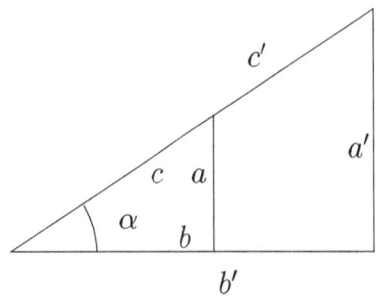

lo que se traduce en que la siguiente relación es siempre constante:

$$\frac{b}{c} = \frac{b'}{c'}$$

Dicha constante recibe el nombre de coseno del ángulo α (cos α).

Utilizando el teorema de Pitágoras se obtienen relaciones análogas que recibe en nombre de seno y tangente asociado al ángulo α.

- $\cos(\alpha) = \frac{b}{c} = \frac{b'}{c'}$ • $sen(\alpha) = \frac{a}{c} = \frac{a'}{c'}$ • $tg(\alpha) = \frac{a}{b} = \frac{a'}{b'}$

Obviamente, en función del teorema de Pitágoras, de las expresiones anteriores se obtienen las siguientes identidades:

- $sen^2(\alpha) + \cos^2(\alpha) = 1$ • $tg(\alpha) = \frac{sen(\alpha)}{\cos(\alpha)}$

A las inversas de las anteriores razones se les llama *cosecante*, *secante* y *cotangente* del ángulo α.

- $co\sec(\alpha) = \frac{1}{sen(\alpha)}$ • $\sec(\alpha) = \frac{1}{\cos(\alpha)}$ • $\cot g(\alpha) = \frac{1}{tg(\alpha)}$

2.2.1. Ángulos notables

Resulta conveniente conocer las razones trigonométricas de algunos ángulos notables. Así:

grados	0^0	30^0	45^0	60^0	90^0
Radianes	0	$\frac{\pi}{6}$	$\frac{\pi}{4}$	$\frac{\pi}{3}$	$\frac{\pi}{2}$
sen	0	$\frac{1}{2}$	$\frac{1}{\sqrt{2}}$	$\frac{\sqrt{3}}{2}$	1
cos	1	$\frac{\sqrt{3}}{2}$	$\frac{1}{\sqrt{2}}$	$\frac{1}{2}$	0
tan	0	$\frac{1}{\sqrt{3}}$	1	$\sqrt{3}$	$\nexists$

2.2.2. Relación entre las razones trigonométricas de ángulos en distintos cuadrantes

	$\theta = \frac{\pi}{2} \pm \alpha$	$\theta = \pi \pm \alpha$	$\theta = \frac{3\pi}{2} \pm \alpha$	$\theta = 2\pi - \alpha$
$sen(\theta)$	$cos(\alpha)$	$\mp sen(\alpha)$	$-cos(\alpha)$	$-sen(\alpha)$
$cos(\theta)$	$\mp sen(\alpha)$	$-cos(\alpha)$	$\pm sen(\alpha)$	$cos(\alpha)$
$tg(\theta)$	$\mp cotg(\alpha)$	$\pm tg(\alpha)$	$\mp cotg(\alpha)$	$-tg(\alpha)$

2.3. Relaciones fundamentales en un triángulo

Veamos una serie de resultados que serán útiles a la hora de trabajar con triángulos no necesariamente rectángulos. Así, sean A, B y C los ángulos de un triángulo y sean, respectivamente, a, b y c sus lados opuestos.

19

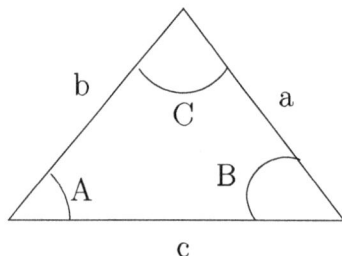

Entonces se verifican las siguientes relaciones:

- **Relación fundamental entre los ángulos de un triángulo**

$$A + B + C = \pi \ rad$$

- **Teorema del seno:**

$$\frac{a}{sen(A)} = \frac{b}{sen(B)} = \frac{c}{sen(C)}$$

- **Teorema del coseno:**

$$c^2 = a^2 + b^2 - 2ab\cos(C)$$

- **Teorema de las tangentes:**

$$\frac{a+b}{tg\left(\frac{A+B}{2}\right)} = \frac{a-b}{tg\left(\frac{A-B}{2}\right)}$$

2.3.1. Funciones recíprocas

Hasta el momento, dado un ángulo nos proponemos obtener las razones trigonométricas asociadas a dicho ángulo. Podemos plantearnos la pregunta recíproca: Si conocemos el valor de la razón trigonométrica, ¿podemos conocer el ángulo con el que trabajamos?. La respuesta es afirmativa definiendo de manera adecuada el conjunto donde podemos definir de manera recíproca las funciones trigonométricas. Así, se definen las funciones arcoseno(*arcsen*), arcocoseno (*arccos*) y arcotangente (*arctg*) de la siguiente manera:

$$
\begin{array}{llll}
Arcsen: & [-1,1] & \rightarrow & [-\pi/2, \pi/2] \\
& x & \rightsquigarrow & \alpha & \Leftrightarrow sen(\alpha) = x
\end{array}
$$

$$
\begin{array}{llll}
Arc\cos: & [-1,1] & \rightarrow & [0,\pi] \\
& x & \rightsquigarrow & \alpha & \Leftrightarrow \cos(\alpha) = x
\end{array}
$$

$$
\begin{array}{llll}
Arctg: & (-\infty, \infty) & \rightarrow & [-\pi/2, \pi/2] \\
& x & \rightsquigarrow & \alpha & \Leftrightarrow tg(\alpha) = x
\end{array}
$$

Así, por ejemplo, tenemos:

$$arcsen(\tfrac{1}{2}) = \pi/6 \qquad arctg(1) = \pi/4 \qquad arc\cos(\tfrac{1}{2}) = \pi/3$$

$$arcsen(\tfrac{-\sqrt{3}}{2}) = -\pi/3 \qquad arctg(-1) = -\pi/4 \qquad arc\cos(\tfrac{-1}{2}) = \tfrac{3\pi}{2}$$

2.3.2. Resolución de triángulos

Resolver un triángulo es hallar todos los elementos de este, es decir, sus tres lado y sus tres ángulos.

A partir de los resultados vistos anteriormente, es posible encontrar todos los elementos de un triángulo cualesquiera conociendo tres de sus elementos, siendo alguno de los datos conocidos la longitud de uno de sus lados.

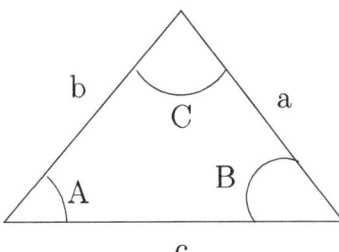

La siguiente tabla recoge los casos más comunes:

Datos

$a, A, B \qquad C = \frac{\pi}{2} - A - B \qquad b = a\frac{sen(B)}{sen(A)} \qquad c = a\frac{sen(C)}{sen(A)}$

$a, b, A \quad c^2 = a^2 + b^2 - 2ab\cos(C) \quad B = arcsen\left(\frac{b}{a}sen(A)\right) \qquad C = \frac{\pi}{2} - A - B$

$a, b, c \quad A = \arccos\left(\frac{b^2+c^2-a^2}{2bc}\right) \quad B = \arccos\left(\frac{c^2+a^2-b^2}{2ac}\right) \quad C = \arccos\left(\frac{a^2+b^2-c^2}{2ab}\right)$

2.3.3. Fórmulas trigonométricas

- Fórmulas de los ángulos suma y diferencia:

  - $sen(\alpha \pm \beta) = sen(\alpha) \cdot \cos(\beta) \pm \cos(\alpha) \cdot sen(\beta)$
  - $tg(\alpha \pm \beta) = \dfrac{tg(\alpha) \pm tg(\beta)}{1 \mp tg(\alpha)tg(\beta)}$

  - $cos(\alpha \pm \beta) = \cos(\alpha) \cdot \cos(\beta) \mp sen(\alpha) \cdot sen(\beta)$

- Fórmulas del ángulo doble y mitad:

  - $sen(2\alpha) = 2 \cdot sen(\alpha) \cdot \cos(\alpha)$
  - $\cos(2\alpha) = \cos^2(\alpha) - sen^2(\alpha)$

  - $sen(\frac{\alpha}{2}) = \pm\sqrt{\frac{1-\cos(\alpha)}{2}}$
  - $\cos(\frac{\alpha}{2})) = \pm\sqrt{\frac{1+\cos(\alpha)}{2}}$

  - $tg(2\alpha) = \frac{2tg(\alpha)}{1-tg^2(\alpha)}$

- Fórmulas de adición:

  - $sen(\alpha) \pm sen(\beta) = 2sen(\frac{\alpha \pm \beta}{2}) \cdot \cos(\frac{\alpha \mp \beta}{2})$
  - $\cos(\alpha) + \cos(\beta) = 2\cos(\frac{\alpha + \beta}{2}) \cdot \cos(\frac{\alpha - \beta}{2})$
  - $\cos(\alpha) - \cos(\beta) = -2sen(\frac{\alpha + \beta}{2}) \cdot sen(\frac{\alpha - \beta}{2})$

  - $tg(\alpha) \pm tg(\beta) = \frac{sen(\alpha \pm \beta)}{\cos(\alpha) \cdot \cos(\beta)}$

2.3.4. Ejercicios resueltos

1. Comprobar la siguiente identidad trigonométrica curiosa:

$$tg^2(\alpha) - sen^2(\alpha) = tg^2(\alpha) \cdot sen^2(\alpha)$$

Solución:

En primer lugar desarrollaremos el primer término de la igualdad. Así:

$$tg^2(\alpha) - sen^2(\alpha) = \frac{sen^2}{\cos^2(\alpha)} - sen^2(\alpha) =$$

$$\frac{sen^2(\alpha) - sen^2(\alpha)\cos^2(\alpha)}{\cos^2(\alpha)} = \frac{sen^2(\alpha)(1 - \cos^2(\alpha))}{\cos^2(\alpha)} =$$

$$\frac{sen^2(\alpha) \cdot \overbrace{(sen^2(\alpha) + \cos^2(\alpha)}^{1} - \cos^2(\alpha))}{\cos^2(\alpha)} = \frac{sen^2(\alpha) \cdot sen^2(\alpha)}{\cos^2(\alpha)} =$$

$$= tg^2(\alpha) \cdot sen^2(\alpha)$$

2. Sabiendo que $tg(\frac{x}{2}) = \frac{1}{2}$ calcular $sen(x)$.

   Solución:

   Como vimos, utilizando la expresión de la tangente del ángulo doble tenemos::

$$tg(x) = tg(2\frac{x}{2}) = \frac{2tg(\frac{x}{2})}{1 - tg^2(\frac{x}{2})} = \frac{2 * \frac{1}{2}}{1 - (\frac{1}{2})^2} = \frac{4}{3}$$

Ahora bien, conocemos $tg(x)$ pero nos piden $sen(x)$. Este caso es típico, para ello partiremos de la relación fundamental:

$$sen^2(\alpha) + \cos^2(\alpha) = 1 \Rightarrow \frac{sen^2(x)}{sen^2(x)} + \frac{\cos^2(x)}{sen^2(x)} = \frac{1}{sen^2(x)}$$

$$1 + \frac{1}{tg^2(x)} = \frac{1}{sen^2(x)} \Rightarrow 1 + \frac{1}{(4/3)^2} = \frac{1}{sen^2(x)}$$

$$sen^2(x) = \frac{16}{25} \Rightarrow sen(x) = \pm\frac{4}{5}$$

Notar que tenemos dos valores (uno positivo y otro negativo) ya que la tangente es positiva en el primer y tercer cuadrante, pero no así en seno.

22

3. Conocidos los tres ángulos de un triángulo es posible resolver el triángulo?

   Solución:

   La respuesta a esta cuestión es negativa, ya que existen infinitos triángulos semejantes a uno dado con idénticos ángulos. Lo que si sabremos es que los lados de todos ellos serán proporcionales.

4. Los lados de un triángulo miden respectivamente 13, 14 y 15 cm. Hallar sus ángulos así como es área del triángulo.

   Solución:

   A partir de los datos del problema debemos encontrar los valores de los ángulos.

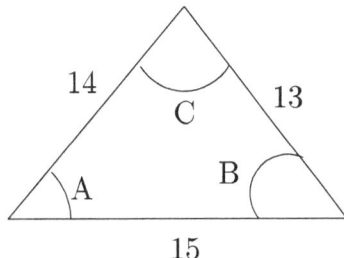

Como nos dan sus tres lados podemos aplicar el teorema del coseno, de donde:

$$
\begin{aligned}
c^2 &= a^2 + b^2 - 2ab\cos(C) \\
15^2 &= 13^2 + 14^2 - 2*13*14*\cos(C) \\
\cos(C) &= \frac{13^2 + 14^2 - 15^2}{2*13*14} \Rightarrow C = \arccos(0{,}3846) = 1{,}176 \text{ rad.}
\end{aligned}
$$

Análogamente:

$$
\begin{aligned}
a^2 &= b^2 + c^2 - 2bc\cos(A) \Rightarrow \cos(A) = \frac{15^2 + 13^2 - 14^2}{2*13*15} \\
A &= \arccos(0{,}508) = 1{,}038 \text{ rad}
\end{aligned}
$$

Utilizando que la suma de los ángulos ha de ser π rad, tenemos:

$$
B = \pi - 1{,}038 - 1{,}176 = 0{,}927
$$

Por otro lado para calcular el área debemos notar que, por ejemplo:

$$
sen(A) = \frac{h}{13} \Rightarrow h = 13 * \sin(1{,}038) = 11{,}198
$$

de donde:

$$
area = \frac{base \cdot altura}{2} = \frac{15 * 11{,}198}{2} = 83{,}985 \text{ cm}^2
$$

5. Encontrar el valor de x y h a partir de los datos que se nos indican en el siguiente dibujo, sabiendo que $A = \pi/6$ y $B = \pi/3$.

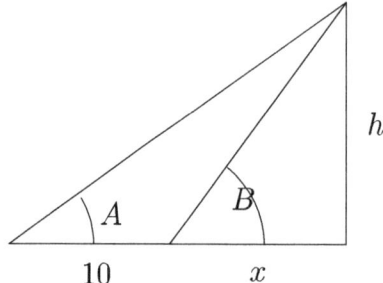

Solución:

A partir de las tangentes de los ángulos A y B obtenemos:

$$\begin{cases} tg(A) = \frac{h}{10+x} \\ tg(B) = \frac{h}{x} \end{cases} \Rightarrow \begin{array}{c} tg(\pi/6) = \frac{1}{3}\sqrt{3} \\ tg(\pi/3) = \sqrt{3} \end{array} \Rightarrow \begin{cases} \frac{1}{3}\sqrt{3} = \frac{h}{10+x} \\ \sqrt{3} = \frac{h}{x} \end{cases}$$

$$\Rightarrow \begin{array}{c} h = 5\sqrt{3} \text{ unidades} \\ x = 5 \text{ unidades} \end{array}$$

6. Un aeroplano vuela a 170 km/s hacia el nordeste, en una dirección que forma un ángulo de 52° con la dirección este. El viento está soplando a 30 km/h en la dirección noroeste, formando un ángulo de 20° con la dirección norte. ¿Cuál es la "velocidad con respecto a tierra" real del aeroplano y cuál es el ángulo A entre la ruta real del aeroplano y la dirección este?

Solución:

Indiquemos la velocidad del aeroplano relativa al aire como V, la velocidad del viento relativa a tierra como W, y la velocidad del aeroplano relativa a tierra U=V+W.

Para ejecutar la suma real cada vector debe descomponerse en sus componentes. Por tanto obtenemos:

$$Vx = 170cos(52°) = 104{,}6 \qquad Vy = 170sen(52°) = 133{,}96$$

$$Wx = -30sen(20°) = -10{,}26 \qquad Wy = 30cos(20°) = 28{,}19$$

de donde:

$$Ux = 94{,}4 \qquad Uy = 162{,}15$$

Entonces, por el teorema de Pitágoras, dado que

$$U^2 = Ux^2 + Uy^2 \Rightarrow U = 187{,}63 km/h$$

Por otro lado

$$cos(A) = \frac{U_x}{U} = 0{,}503125 \Rightarrow A = \arccos(0{,}503125) = 1{,}0436 \text{ rad} = 59{,}8^0$$

2.3.5. Ejercicios propuestos

1. Calcular todos los ángulos $\alpha \in [0, 2\pi]$ tales que $2 \cdot \cos(\alpha) = 3 \cdot tg(\alpha)$ (**sol:** $\alpha = \pi/6$, $\alpha = 5\pi/6$)

2. Si α y β son ángulos comprendidos entre 0 y 2π radianes. ¿Qué relación hay entre ellos si se verifica que $sen(\alpha) = -sen(\beta)$ y $cos(\alpha) = cos(\beta)$? (**sol:** $\beta = -\alpha$).

3. ¿Que relación existe entre las razones trigonométricas de $(\pi/4 - \alpha)$ y $(\pi/4 + \alpha)$? (**sol:** Al ser complementarios $sen(\pi/4 - \alpha) = \cos(\pi/4 + \alpha)$ y viceversa).

4. Sabiendo que $\cos(\alpha) = 1/3$ y que $\alpha \in [0, \pi/2]$ determinar $\cos(\pi/2 - \alpha)$, $sen(3\pi/2 + \alpha)$ y $tg(\pi - \alpha)$ (**sol:** $\cos(\pi/2 - \alpha) = \frac{2\sqrt{2}}{3}$; $sen(3\pi/2 + \alpha) = -1/3$; $tg(\pi - \alpha) = 2\sqrt{2}$).

5. Sabiendo que $\cos(\alpha) = 3/5$ y que $\alpha \in [3\pi/2, 2\pi]$ determinar $sen(\alpha)$, $tg(\alpha)$ y $cos(\alpha/2)$ (**sol:** $sen(\alpha) = -4/5$; $tg(\alpha) = -4/3$; $\cos(\alpha) = -2/\sqrt{5}$).

6. Comprobar que las siguientes expresiones no dependen del valor de α y determinar su valor:

$$sen(\alpha)\cos(\pi/4 - \alpha) - \cos(\alpha)\cos(\pi/4 + \alpha) \quad (\textbf{sol:}\tfrac{\sqrt{2}}{2})$$

$$\cos(\alpha)\cos(\pi/6 + \alpha) + sen(\alpha)\cos(\pi/3 - \alpha) \quad (\textbf{sol:}\tfrac{\sqrt{3}}{2})$$

7. Demostrar las identidades:

   a) $\cos(\alpha) = sen\,(\alpha + \pi/2)$ b) $1 + \cot g^2(\alpha) = \cos ec^2(\alpha)$
   c) $\sec^2(\alpha) = 1 + tg^2(\alpha)$ d) $tg(\alpha) + \cot g(\alpha) = \sec(\alpha) \cdot \cos ec(\alpha)$

8. Sabiendo que $tg(\alpha) = 2$ y que $4 \cdot sen(\alpha)\cos(\beta) = \cos(\alpha - \beta)$ hallar $tg(\beta)$ (**sol:** $tg(\beta) = 7/2$).

9. Resolver la siguiente ecuación trigonométrica:

$$2 \cdot \cos(x) = 3 \cdot tg(x) \quad (\textbf{sol:}\ x = \pi/6 + 2k\pi \ ;\ x = 5\pi/6 + 2k\pi \ (k \in \mathbb{Z})$$

10. Resolver la siguiente ecuación trigonométrica sabiendo que $x \in [0, 2\pi]$:

$$3sen(2x) \cdot \cos(x) = 2sen^3(x) \quad (\textbf{sol:}\ x = 0, \pi, \pi/6 \text{ ó } 7\pi/6 \text{ rad})$$

11. Resolver el siguiente sistema de ecuaciones sabiendo que x e $y \in [0, 2\pi]$:

$$\begin{cases} \sin(x) + \cos(y) = \sqrt{2} \\ x + y = \pi/2 \end{cases} \quad (\textbf{sol: x=y=}\pi/4 \ ; \ \text{x=}3\pi/4 \ \text{y=-}\pi/4)$$

12. Resolver, si es posible, los siguientes triángulos:

   a) $a = 100cm, B = 47^0, C = 63^0$ (**sol** $:b = 77,82cm, c = 94,81cm, A = 70^0$)
   b) $A = \pi/3, B = \pi/2, C = \pi/6$ (**sol:** $Infinitos\ triángulos$)
   c) $a = 25\ cm, b = 30cm, c = 40cm$ (**sol:** $A = 0,67rad, B = 0,85rad, C = 1,62rad$)
   d) $b = 6cm, c = 8$ cm, $C = 57^0$ (**sol** $:a = 9,48cm, A = 84,03^0, B = 38,97^0$)

donde:

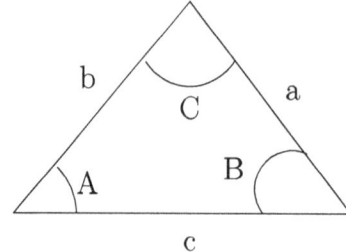

13. Sean A y B los ángulos no rectos de un triángulo rectángulo. Probar que:

    a) $sen^2(A) + sen^2(B) = 1$

    b) $tg(A) \cdot tg(B) = 1$

14. Sean A, B y C los ángulos de un triángulo cualesquiera. Probar que

    a) $sen(A) = sen(B + C)$

    b) $cos(A) + cos(B + C) = 0$

15. Los lados de un paralelogramo miden 6 y 8 cm respectivamente y forman un ángulo de 0.5 rad. Calcular la medida de sus diagonales (**sol:** 13.46 cm y 4.31 cm).

16. Se desea calcular la distancia entre dos puntos A y B de un terreno llano que no son accesibles. Para ello, se toman dos puntos accesibles del terreno C y D y se determinar las distancias y ángulos siguientes:

$$CD = 300m \qquad \alpha = ACD = 85^0 \qquad \beta = BDC = 75^0$$
$$\alpha' = BCD = 40 \qquad \beta' = ADC = 35^0$$

Calcular la distancia de A a B (**sol:227.7 m**)

2.4. Funciones trigonométricas

Las funciones trigonométricas son importantes no sólo por su relación con los lados de un triángulo, sino por las propiedades que poseen como funciones. Una de las más importantes es la periodicidad. Una función f se dice periódica, de periodo $T \neq 0$ si $\forall x$ de D se verifica que $x + T$ también esta en D y $f(x + T) = f(x)$ para todo x del dominio. Las funciones sin y cos son periódicas de periodo 2π.

2.4.1. Propiedades fundamentales

1. El dominio de las funciones sin y cos es R

2. $\cos 0 = \sin \frac{\pi}{2} = 1, \cos \pi = -1$

3. $\forall x, y \ \cos(x - y) = \cos x \cos y - \sin x \sin y$.

4. Para $0 < x < \frac{\pi}{2} \Rightarrow 0 < \cos x < \frac{\sin x}{x} < \frac{1}{\cos x}$

A partir de estas cuatro propiedades se pueden obtener las demás, así pues un método para introducir las funciones sin y cos podría ser el axiomático. Nosotros lo haremos geométricamente. Consideramos la circunferencia unidad, y observemos que la longitud de dicha circunferencia es 2π, así como que su área es π; por tanto cualquier sector circular de amplitud x radianes, tiene un arco de longitud x y su área es $\frac{x}{2}$

Desde el punto de coordenadas $U(1,0)$ llevamos el segmentode longitud x sobre la circunferencia, y nos determina un punto P, de tal forma que el centro de la circunferencia O, el punto $U(1,0)$ y P determinan un sector circular cuyo arco mide x y su área es $\frac{x}{2}$.

Definición 2.1 *Se define el* sin x *como la ordenada del punto* P *y el* cos x *como la abcisa.*

Observemos que si x es mayor que 2π el punto P, se enrollará varias veces sobre la circunferencia y nos determinará un punto sobre ella cuyas coordenadas son su coseno y seno respectivamente, y dichas funciones son periódicas de periodo 2π, la longitud de la circunferencia.

Además $\cos 0 = 1 = \sin \frac{\pi}{2}$ y $\cos \pi = -1$; y por el teorema de Pitágoras

$$\sin^2 x + \cos^2 = 1$$

Proposición 2.2 *Para cualesquiera* x, y *se verifica*

$$\cos(x - y) = \cos x \cos y + \sin x \sin y$$

Demostración.

Para demostrar esta proposición, basta aplicar el producto escalar a los vectores $(\cos y, \sin y)$ y $(\cos x, \sin x)$.

$$(\cos y, \sin y) \cdot (\cos x, \sin x) = \cos x \cos y + \sin x \sin y$$

Por otra parte, el producto escalar es el producto de los módulos (ambos valen 1) por el coseno del ángulo que forman $x - y$, es decir:

$$(\cos y, \sin y) \cdot (\cos x, \sin x) = \cos(x - y)$$

de donde se sigue el resultado. $\square$

Propiedades

1. El dominio de las funciones sin y cos es $\mathbb{R}$

2. La imagen es el intervalo $[-1, 1]$, por tanto:

$$-1 \leq \sin x \leq 1$$

$$-1 \leq \cos x \leq 1$$

3. La función seno es impar y coseno es par, es decir,

$$\sin(-x) = -\sin x$$

$$cos(-x) = cosx$$

4.

$$\sin(x + \frac{\pi}{2}) = \cos(x)$$

$$\cos(x + \frac{\pi}{2}) = -\sin(x)$$

5.

$$\sin x - \sin y = 2\sin(\frac{x-y}{2})\sin(\frac{x+y}{2})$$

6.

$$\cos x - \cos y = -2\sin(\frac{x-y}{2})\sin(\frac{x+y}{2})$$

7. La gráfica del seno es:

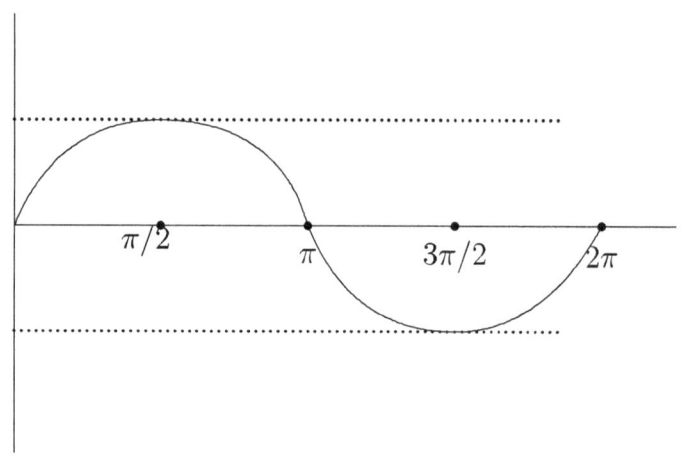

8. La gráfica del coseno es:

2.4.2. La tangente, cotangente, secante y cosecante

Definición 2.3 *La función tangente tg, la función cotangente ctg, la función secante sec y la función cosecante cosec se definen a partir de las funciones seno y coseno mediante las fórmulas*

$$tgx = \frac{senx}{\cos x} \ , \qquad ctgx = \frac{\cos x}{senx}, \qquad \sec x = \frac{1}{\cos x}, \qquad \cos ecx = \frac{1}{senx}$$

Ejercicio 2.1 *¿Cuáles son los dominios de estas funciones?*

2.4.3. Funciones trigonométricas inversas

Se conocen con el nombre de funciones trigonométricas inversas las de una colección de funciones que son casi, pero no totalmente, inversas de las funciones tigonométricas.

La función seno no es inyectiva, por lo que no puede hablarse estrictamente de inversa de la función seno. Sin embargo, la restricción de la función seno al intervalo $[-\pi/2, \pi/2]$ es estrictamente creciente, luego es inyectiva, y su conjunto imagen es el intervalo $[-1, 1]$

La inversa de la restricción de la función seno al intervalo $[-\pi/2, \pi/2]$ es, por definición, la función **arco seno:**

$$\arcsin : [-1, 1] \rightarrow [-\pi/2, \pi/2],$$

de manera que será una función estrictamente creciente, impar, acotada, y tal que dado $x \in [-1, 1]$

$$\boxed{\arcsin x = y \Leftrightarrow y \in [-\pi/2, \pi/2] \text{ y } \sin y = x}$$

con lo cual $\sin(\arcsin x) = x$ para todo $x \in [-1, 1]$, mientras que $\arcsin(\sin x) = x$ para todo $x \in [-\pi/2, \pi/2]$.

Ejercicio 2.2 *Dado $n \in \mathbb{Z}$, sea $f : x \in [n\pi - \frac{\pi}{2}, n\pi + \frac{\pi}{2}2] \rightarrow f(x) = \sin x \in \mathbb{R}$.*

1. *Comprobar que f es inyectiva y expresar su inversa f^{-1} en términos de la función arco seno.*

2. *Dibujar las gráficas de las funciones $\sin \circ \arcsin$ y $\arcsin \circ \sin$.*

La restricción al intervalo $[0, \pi]$ de la función coseno, es estrictamente decreciente cuyo conjunto imagen es $[-1, 1]$. Podemos definir la función *arcocoseno*:

$$arccos : [-1, 1] \rightarrow [0, \pi]$$

como la inversa de la restricción de la función coseno al intervalo $[0, \pi]$.

Es una función estrictamente decreciente y acotada, con el mismo dominio que la función arco seno, pero con distinto codominio. Dado $x \in [-1, 1]$, se tiene

$$\text{arc} \cos x = y \Leftrightarrow y \in [0, \pi] \text{ y } \cos y = x,$$

con lo cual $\cos(\text{arc} \cos x) = x$ para todo $x \in [-1, 1]$, mientras que $\text{arc} \cos(\cos x) = x$, $x \in [0, \pi]$.

La función **arco tangente**

$$arctg : \mathbb{R} \rightarrow (-\pi/2, \pi/2)$$

es por definición la inversa de la restricción de la función tangente al intervalo abierto $(-\pi/2, \pi/2)$. Es una función estrictamente creciente, impar, acotada, y tal que dado $x \in \mathbb{R}$

$$arctg\,x = y \Leftrightarrow y \in (-\pi/2, \pi/2) \text{ y } tg\,y = x,$$

con lo cual $tg(arctg\,x) = x$ para todo $x \in \mathbb{R}$, mientras que $arctg(tg\,x) = x \leftrightarrow x \in (-\pi/2, \pi/2)$.

Ejercicio 2.3 *Sea* $f(x) = \sqrt{1-x^2}$ *con* $f : [-1,1] \to \mathbb{R}$, *probar que* f *puede definirse como* $\cos\arccos x$.

Capítulo 3

Números complejos

Sumario. Introducción al cuerpo de los números complejos. Operaciones. Formas de representar un número complejo. Fórmula de Euler. Ejercicios.

3.1. Introducción

Aunque parezca que los complejos se introducen a partir de la resolución de la ecuación $x^2+1=0$, nada más lejos de la realidad, esta era rechazada así como $\log x = -1$, o $\sin x = 2$, eran irresolubles. Los complejos hacen su aparición a raiz de la ecuación cúbica. Supongamos que queremos resolver la ecuación $x^3 - 6x - 4$, la forma de proceder fue similar a la de la ecuación de segundo grado, es decir, una solución por radicales, obtenida por del Ferro en 1515.

Teorema 3.1 *Una solución de la ecuación cúbica reducida del tipo $x^3 = mx + n$ vine dada por*

$$\sqrt[3]{\frac{n}{2} + \sqrt{\frac{n^2}{4} - \frac{m^3}{27}}} + \sqrt[3]{\frac{n}{2} - \sqrt{\frac{n^2}{4} - \frac{m^3}{27}}}$$

Demostración. Sea $x = \sqrt[3]{p} + \sqrt[3]{q}$, elevando al cubo ambos miembros, obtenemos:

$$
\begin{aligned}
x^3 &= p + 3\sqrt[3]{p^2}\sqrt[3]{q} + 3\sqrt[3]{p}\sqrt[3]{q^2} + q = p + q + 3\sqrt[3]{pq}\left(\sqrt[3]{p} + \sqrt[3]{q}\right) = \\
&= p + q + 3x\sqrt[3]{pq} = mx + n
\end{aligned}
$$

igualando, se tiene:

$$
\left\{
\begin{array}{l}
p + q = n \\
3\sqrt[3]{pq} = m
\end{array}
\right.
\quad \Rightarrow \quad
pq = \left(\frac{m}{3}\right)^3 ; 4pq = 4\left(\frac{m}{3}\right)^3
$$

$$
n^2 = (p+q)^2 = p^2 + q^2 + 2pq
$$

$$
n^2 - 4\left(\frac{m}{3}\right)^3 = p^2 + q^2 + 2pq - 4pq = (p-q)^2
$$

y sumando y restando, las ecuaciones:

$$
\left\{
\begin{array}{l}
p + q = n \\
p - q = \sqrt{n^2 - 4\left(\frac{m}{3}\right)^3}
\end{array}
\right.
$$

se tiene:

$$\begin{cases} p = \frac{n}{2} + \sqrt{n^2 - 4\left(\frac{m}{3}\right)^3} \\ q = \frac{n}{2} - \sqrt{n^2 - 4\left(\frac{m}{3}\right)^3} \end{cases}$$

de donde, la solución es:

$$\sqrt[3]{\frac{n}{2} + \sqrt{\frac{n^2}{4} - \frac{m^3}{27}}} + \sqrt[3]{\frac{n}{2} - \sqrt{\frac{n^2}{4} - \frac{m^3}{27}}}$$

□

Ejemplo 3.1 *Resolver* $x^3 = 6x + 9$.

$$x = \sqrt[3]{\frac{9}{2} + \sqrt{\frac{9^2}{4} - \frac{6^3}{27}}} + \sqrt[3]{\frac{9}{2} - \sqrt{\frac{9^2}{4} - \frac{6^3}{27}}} = \sqrt[3]{8} + 1 = 3$$

Ejemplo 3.2 *Resolver* $x^3 = 6x + 4$

$$\begin{aligned} x &= \sqrt[3]{\frac{4}{2} + \sqrt{\frac{4^2}{4} - \frac{6^3}{27}}} + \sqrt[3]{\frac{4}{2} - \sqrt{\frac{4^2}{4} - \frac{6^3}{27}}} = \\ &= \sqrt[3]{2 + \sqrt{4 - 8}} + \sqrt[3]{2 - \sqrt{4 - 8}} = \sqrt[3]{2 + \sqrt{-4}} + \sqrt[3]{2 - \sqrt{-4}} = \\ &= \sqrt[3]{2 + 2\sqrt{-1}} + \sqrt[3]{2 - 2\sqrt{-1}} = \left(-1 + \sqrt{-1}\right) + \left(-1 - \sqrt{-1}\right) = -2 \end{aligned}$$

Solución que causo gran estupor en el siglo XVI, hasta que Argand y Gauss no dan una interpretación de los números complejos, se les calificaba como "anfibios entre el ser y no ser".

La solución de la ecuación cúbica completa $x^3 + ax^2 + bx + c$, se obtiene mediante el cambio de variable $x = \frac{1}{3}(z - a)$, y reduciéndola a la anterior.

3.2. El cuerpo de los números complejos

Llamamos número complejo, a un elemento $z = (x, y) \in \mathbb{R}^2 = \mathbb{C}$, diremos que dos números complejos (x, y) y (x', y') son iguales, cuando $x = x'$ e $y = y'$, a x se le denomina parte real y a y parte imaginaria, escribiremos $x = \text{Re}(z)$ e $y = \text{Im}(z)$.

Definimos la suma

$$z + z' = (x, y) + (x', y') = (x + x', y + y')$$

y el producto

$$z \cdot z' = (xx' - yy', xy' + yx').$$

Con estas operaciones $\mathbb{C}$ tiene estructura de cuerpo.

3.3. Inmersión de $\mathbb{R}$ en $\mathbb{C}$

Consideramos el conjunto de puntos de la forma $(x,0) \in \mathbb{R} \times \{0\}$ y la aplicación:

$$p : \mathbb{R} \to \mathbb{R} \times \{0\} \subset \mathbb{C}$$

definida por $p(x) = (x,0)$. Esta aplicación es un isomorfismo, es decir, es biyectiva y

$$x + y \;\mapsto\; p(x+y) = p(x) + p(y)$$
$$x \cdot y \;\mapsto\; p(x \cdot y) = p(x) \cdot p(y)$$

y podemos identificar $(x,0)$ con x.

Además $(x,y) = (x,0) + (0,y) = (x,0) + (y,0) \cdot (0,1) = x + yi$, definiendo $(0,1) = i$.

Observemos que $i^2 = (0,1)(0,1) = (-1,0) = -1$, es decir, i es solución de la ecuación $x^2 + 1 = 0$.

A $z = x + yi$ se le llama forma binómica. Si $\operatorname{Re}(z) = 0$ a z se le denomina imaginario puro y si $\operatorname{Im}(z) = 0$ a z se le llama real.

Ejemplo 3.3 *Efectúa* $\frac{i}{3+i}$, $\frac{1+i^7}{1-i}$ *y* $\frac{1+3i-i(2-i)}{1+3i}$

$$\frac{i}{3+i} = \frac{i}{3+i}\frac{3-i}{3-i} = \frac{3i-i^2}{3^2-i^2} = \frac{3i-(-1)}{9-(-1)} = \frac{3i+1}{9+1} = \frac{1}{10} + \frac{3}{10}i$$

Observemos que:

$$i^0 = 1, i = i, i^2 = -1, i^3 = -i, i^4 = 1, i^5 = i, i^6 = -1, i^7 = -i, \ldots$$

$$\frac{1+i^7}{1-i} = \frac{1-i}{1-i} = 1$$

$$\frac{1+3i-i(2-i)}{1+3i} = \frac{1+3i-2i+i^2}{1+3i} = \frac{1+i-1}{1+3i} = \frac{i}{1+3i} =$$
$$= \frac{i}{1+3i}\frac{1-3i}{1-3i} = \frac{i-3i^2}{1^2-3^2i^2} = \frac{i+3}{1+9} = \frac{3}{10} + i\frac{1}{10}$$

Ejemplo 3.4 *Resuelve la ecuación* $x^2 - 2x + 2 = 0$

$$x = \frac{2 \pm \sqrt{2^2 - 4 \cdot 2 \cdot 1}}{2 \cdot 1} = \frac{2 \pm \sqrt{4-8}}{2} = \frac{2 \pm \sqrt{-4}}{2} = \frac{2 \pm \sqrt{-1}\sqrt{4}}{2} =$$
$$= \frac{2(1 \pm \sqrt{-1})}{2} = 1 \pm \sqrt{-1} = 1 \pm i$$

Definición 3.2 *Se denomina conjugado de un número complejo* $z = a + bi$ *a* $\overline{z} = a - bi$.

Evidentemente $\operatorname{Re}(z) = \dfrac{z + \overline{z}}{2}$ e $\operatorname{Im}(z) = \dfrac{z - \overline{z}}{2i}$.

Propiedades Si z y z' son dos números complejos cualesquiera.

$$\overline{\overline{z}} = z$$

$$z \in \mathbb{R} \Leftrightarrow z = \overline{z}$$

z es imaginario puro$\Leftrightarrow z = -\overline{z}$

$$\overline{z + z'} = \overline{z} + \overline{z'}$$

$$\overline{z \cdot z'} = \overline{z} \cdot \overline{z'}$$

Observemos que $z \cdot \overline{z} = a^2 + b^2 \in \mathbb{R}^+ \Rightarrow z^{-1} = \dfrac{\overline{z}}{a^2 + b^2} = \left(\dfrac{a}{a^2 + b^2}, \dfrac{-b}{a^2 + b^2} \right)$

Ejercicio 3.1 *Comprueba que la suma $z + \dfrac{1}{z}$ nunca puede ser imaginario puro, salvo que z también lo sea.*

Sea $z = x + iy \Rightarrow \dfrac{1}{z} = \dfrac{x}{x^2 + y^2} - \dfrac{y}{x^2 + y^2}i$

$$z + \frac{1}{z} = x + iy + \frac{x}{x^2 + y^2} - \frac{y}{x^2 + y^2}i = x + \frac{x}{x^2 + y^2} + i\left(y - \frac{y}{x^2 + y^2} \right)$$

para que sea imaginario puro, tiene que ser:

$$x + \frac{x}{x^2 + y^2} = 0 = x\left(1 + \frac{1}{x^2 + y^2} \right) \Leftrightarrow x = 0$$

Ejercicio 3.2 *¿Qué condiciones tiene que cumplir z para que $z + \dfrac{1}{z}$ sea real?*

$$z + \frac{1}{z} = x + iy + \frac{x}{x^2 + y^2} - \frac{y}{x^2 + y^2}i = x + \frac{x}{x^2 + y^2} + i\left(y - \frac{y}{x^2 + y^2} \right)$$

para que sea un número real, tiene que verificar:

$$y - \frac{y}{x^2 + y^2} = 0 = y\left(1 - \frac{1}{x^2 + y^2} \right) \Rightarrow \begin{cases} y = 0 \\ 1 - \dfrac{1}{x^2 + y^2} = 0 \Rightarrow 1 = x^2 + y^2 \end{cases}$$

o z es un número real o bien su afijo se encuentra sobre la circunferencia unidad de centro $(0, 0)$.

Ejercicio 3.3 *Dado el polinomio $x^2 + 3x + 1 = p(x)$, demuestra que $p(z) = p(\overline{z})$ cualesquiera que sean los z para los que $p(z) \in \mathbb{R}$*

Sea $z = a + bi$, por las propiedades de la conjugación, sabemos que $p(\overline{z}) = \overline{p(z)} = p(z) \Leftrightarrow p(z) \in \mathbb{R}$, luego, $(a + bi)^2 + 3(a + bi) + 1 \in \mathbb{R}$

$$a^2 - b^2 + 2abi + 3a + 3bi + 1 \in \mathbb{R} \Leftrightarrow 2ab + 3b = 0$$

Ejercicio 3.4 *Calcula el producto $i \cdot i^2 \cdot i^3 \cdots \cdot i^{100}$ y la suma $i + i^2 + i^3 + \cdots + i^{100}$.*

$$i \cdot i^2 \cdot i^3 \cdots \cdot i^{100} = i^{1+2+\cdots+100} = i^{5050} = i^{2+4 \cdot 1262} = i^2 \cdot \left(i^4 \right)^{1262} = i^2 = 1$$

$$i + i^2 + i^3 + \cdots + i^{100} = \frac{i \cdot i^{100} - i}{i - 1} = \frac{i - i}{i - 1} = 0$$

3.4. Representación geométrica de los números complejos

Supongamos que en $\mathbb{R}^2$ tenemos un sistema de referencia. Consideramos la aplicación de $\mathbb{C}$ en el plano $\mathbb{R}^2$, que asocia a cada número complejo $z = a + bi$ el punto de coordenadas (a, b), a dicho punto se le denomina afijo del punto z.

Ejercicio 3.5 *Representa en el plano complejo los números que verifican:*

1. $z + \overline{z} = \frac{1}{2}$

2. $z - \overline{z} = \frac{1}{2}i$

1. $z + \overline{z} = \frac{1}{2} \Rightarrow x + iy + x - iy = 2x = \frac{1}{2} \Leftrightarrow x = \frac{1}{4}$

2. $z - \overline{z} = \frac{1}{2}i \Rightarrow x + iy - (x - iy) = 2yi = \frac{1}{2}i \Leftrightarrow y = \frac{1}{4}$

3.5. Módulo y argumento

Definición 3.3 *Se llama módulo de un número complejo $z = x + yi$ al número real positivo* $|z| = \sqrt{a^2 + b^2}$

De la definición se sigue que:

1. $|z| = |-z| = |\overline{z}| = |-\overline{z}|$

2. $|\mathrm{Re}\,(z)| \leq |z|$

3. $|\mathrm{Im}\,(z)| \leq |z|$

Propiedades Sean z y z' números complejos, se verifica:

P1 $|z| \geq 0$ y $|z| = 0 \Leftrightarrow z = 0$

P2 $|z \cdot z'| = |z| \cdot |z'|$

P3 $|z + z'| \leq |z| + |z'|$

Definición 3.4 *Utilizando coordenadas polares, tenemos que:*

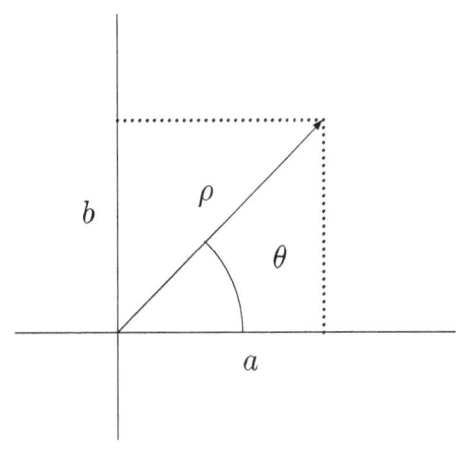

$$a = \rho\cos\theta$$
$$b = \rho\sin\theta$$

$$a + bi = \rho\cos\theta + \rho i\sin\theta = \rho\left(\cos\theta + i\sin\theta\right)$$

donde $\rho = |z|$. Se define $\arg(z) = \theta + 2k\pi$, es decir, $\theta = \begin{cases} \arctan\left(\frac{y}{x}\right) & si\ x \neq 0 \\ \frac{\pi}{2} & si\ x = 0\ e\ y > 0 \\ \frac{3\pi}{2} & si\ x = 0\ e\ y < 0 \end{cases}$

La expresión $z = \rho\left(\cos\theta + i\sin\theta\right)$ se denomina forma trigonométrica, y a ρ_θ se le llama forma módulo-argumental.

Teorema 3.5 *Fórmula de Euler.- Para todo número real x, se verifica:*

$$e^x = \cos x + i\sin x$$

Demostración. Tomamos $y = \sin x \Rightarrow \arcsin y = x$, de donde:

$$\arcsin y = \int\frac{dy}{\sqrt{1-y^2}} = \left\{\begin{array}{l} y = iz \\ dy = idz \end{array}\right\} = \int\frac{idz}{\sqrt{1-i^2z^2}} =$$
$$= i\int\frac{dz}{\sqrt{1+z^2}} = i\log\left(z + \sqrt{1+z^2}\right)$$

deshaciendo el cambio, se tiene:

$$x = ar\sin y = i\log\left(\frac{y}{i} + \sqrt{1 + (iy)^2}\right) \Rightarrow ix = i^2\log\left(-iy + \sqrt{1-y^2}\right) =$$
$$= -\log\left(-i\sin x + \cos x\right) = \log\left(\frac{1}{\cos x - i\sin x}\right) = \log\left(\frac{\cos x + i\sin x}{\cos^2 x - i^2\sin^2 x}\right) =$$
$$= \log\left(\frac{\cos x + i\sin x}{\cos^2 x + \sin^2 x}\right) = \log\left(\cos x + i\sin x\right) \Rightarrow e^{ix} = \cos x + i\sin x.$$

$\square$

Así, podemos escribir:
$$e^z = e^{a+bi} = e^a e^{ib} = e^a\left(\cos b + i\sin b\right)$$

donde, e^a es el módulo y b es el argumento del número complejo e^z.

Observación: $e^{i\pi} = \cos\pi + i\sin\pi = -1$, e $i\pi$ es solución de la ecuación $e^x = -1$

Corolario 3.6
$$\left(\cos\theta + i\sin\theta\right)^n = \left(\cos n\theta + \sin n\theta\right)$$

Demostración.

$$\left(e^{i\theta}\right)^n = e^{in\theta}$$
$$\left(\cos\theta + i\sin\theta\right)^n = \cos\left(n\theta\right) + i\sin\left(n\theta\right)$$

$\square$

Corolario 3.7 *La función e^{ix} es periódica de periodo $2\pi i$.*

Demostración.

$$e^{ix+i2\pi} = e^{i(x+2\pi)} = \cos{(x+2\pi)} + i\sin{(x+2\pi)} = \cos x + i \sin x$$

$\square$

Observemos:

1. $\rho_\theta = \sigma_\varphi \Leftrightarrow \begin{cases} \rho = \sigma \\ \theta - \varphi = 2k\pi \end{cases}$

2. $\rho_\theta \cdot \sigma_\varphi = \rho \cdot \sigma_{\theta + \varphi}$

3. $\dfrac{\rho_\theta}{\sigma_\varphi} = \left(\dfrac{\rho}{\sigma}\right)_{\theta - \varphi}$

4. **Fórmula de Moivre** $(1_\theta)^n = (1^n)_{n\theta} = 1_{n\theta}$, es decir:

$$[1(\cos\theta + i\sin\theta)]^n = 1^n (\cos n\theta + \sin n\theta)$$

Ejercicio 3.6 *Describe el conjunto de puntos z tal que:*

1. $\operatorname{Re}(z) = 0$; $\operatorname{Re}(z) > 0$; $|z| = 1$; $|z| > 1$; $\operatorname{Im}(z) = 1$; $\operatorname{Im}(z) < 1$; $1 < |z| < 2$.

2. $|z - 1| = 2$; $|z - 1| < 2$; $|z - 1| = |z + 1|$

3. $|\operatorname{Re}(z)| + |\operatorname{Im}(z)| = 1$; $|z - 2| = \operatorname{Re}(z) + 2$; $|z - 5| - |z + 5| = 6$; $|z - 3| + |z + 3| = 8$

Solución.

1. Si $z = x + iy \Rightarrow \operatorname{Re}(z) = x = 0$ que representa una recta, el eje de ordenadas; $\operatorname{Re}(z) = x > 0$ es un semiplano. $|z| = \sqrt{x^2 + y^2} = 1 \Rightarrow x^2 + y^2 = 1$ circunferencia de centro $(0,0)$ y radio 1. $1 < |z| < 2$ es una corona circular de radios 1 y 2 respectivamente.

2. $|z - 1| = 2$ es la circunferencia de centro $(1,0)$ y radio 2. $|z - 1| < 2$ el circulo de centro $(1,0)$ y radio 2. $|z - 1| = |z + 1|$ es el lugar geométrico de puntos del plano que equidistan de los puntos $(1,0)$ y $(-1,0)$, es decir, la mediatriz de ese segmento.

3. $|\operatorname{Re}(z)| + |\operatorname{Im}(z)| = 1 = |x| + |y|$ es un cuadrilátero de vértices $(1,0), (0,1), (-1,0)$ y $(0,-1)$. El conjunto dado por $|z - 5| - |z + 5| = 6$ lugar geométrico de puntos del plano cuya diferencia de distancias a dos puntos fijos (llamados focos $(5,0)$ y $(-5,0)$) es constante, es decir, una hipérbola. $|z - 3| + |z + 3| = 8$ es el lugar geométrico de puntos del plano cuya suma de distancias a dos puntos fijos (llamados focos) $(3,0)$ y $(-3,0)$ es constante, es decir, una elipse. $|z - 2| = \operatorname{Re}(z) + 2$ lugar geométrico de puntos del plano equidistantes de un punto fijo y una recta, es decir, una parábola.

3.6. Raíces de números complejos

Nos proponemos resolver la ecuación $z^n - z_0 = 0$, es decir, hallar la raíz n-ésima de un número complejo; el problema tiene fácil solución en forma módulo-argumental.

Sea $z_0 = r_\varphi$, entonces, $z = x_\phi$ es solución, si verifica:

$$(x_\phi)^n = r_\varphi$$

pero

$$(x_\phi)^n = x^n_{n\phi} = r_\varphi \Rightarrow \begin{cases} x^n = r \\ n\phi = \varphi + 2k\pi \end{cases}$$

al ser x y r números reales positivos, siempre existe $x = \sqrt[n]{r}$; y $\phi = \frac{\varphi}{n} + \frac{2k\pi}{n}$ con $k \in Z$, de los cuales sólo son distintos aquellos que se obtiene para $k = 0, 1, \ldots, n-1$.

Ejemplo 3.5 *Resolver la ecuación $z^3 = 1$.*

$$1 = 1_0 \Rightarrow (x_\phi)^3 = x^3_{3\phi} = 1_0 \Rightarrow \begin{cases} x^3 = 1 \\ 3\phi = 0 + 2k\pi \end{cases} \Rightarrow \begin{cases} x = 1 \\ \phi = \frac{2k\pi}{3}; k = 0, 1, 2 \end{cases}$$

las soluciones son:

$$1_0, 1_{\frac{2\pi}{3}}, 1_{\frac{4\pi}{3}}$$

observemos que

$$1_0 = 1, 1_{\frac{2\pi}{3}} = 1e^{\frac{2\pi}{3}i} = e^{\frac{2\pi}{3}i} = w, 1_{\frac{4\pi}{3}} = 1e^{\frac{4\pi}{3}i} = e^{\frac{4\pi}{3}i} = \left(e^{\frac{2\pi}{3}i}\right)^2 = w^2$$

verificándose que $1 + w + w^2 = 0$ y que $w^3 = 1 \Rightarrow w^2 = \dfrac{1}{w} = \dfrac{\overline{w}}{w\overline{w}} = \overline{w}$.

Veamos un ejemplo donde se hace uso de estas propiedades.

Ejemplo 3.6 *Demostrar que para cualquier número natural n el polinomio $(x+1)^{6n+1} - x^{6n+1} - 1$ es divisible por $\left(x^2 + x + 1\right)^2$.*

Vamos a demostrar que las raíces de $\left(x^2 + x + 1\right)^2$ dividen a $(x+1)^{6n+1} - x^{6n+1} - 1$ con lo que estará probado.

$$(x-1)\left(x^2 + x + 1\right) = x^3 - 1$$

luego las raíces de $x^2 + x + 1$ son las raíces complejas de $z^3 = 1$, es decir, w y $\overline{w} = w^2 = \frac{1}{w}$, y las raíces de $\left(x^2 + x + 1\right)^2$ son w^2 y $w^4 = w^3 w = w$.

$$(w+1)^{6n+1} - w^{6n+1} - 1 = \left\{w + 1 = -w^2\right\} = \left(-w^2\right)^{6n+1} - w^{6n+1} - 1$$

y al ser

$$\left(-w^2\right)^{6n+1} = -w^{12n+2} = -w^{12n}w^2 = -\left[w^3\right]^{4n}w^2 = -w^2$$
$$w^{6n+1} = \left(w^3\right)^{2n}w = w$$

de donde

$$(w+1)^{6n+1} - w^{6n+1} - 1 = -w^2 - w - 1 = 0$$

Análogamente procedemos con la otra raíz, w^2.

3.7. Aplicación al cálculo trigonométrico

La fórmula de Moivre nos sirve para realizar cálculos trigonométricos, por ejemplo, expresar $\sin 2a, \cos 3a, \cos 4a, \ldots, \cos^2 a, \cos^3 a, \ldots$

En efecto, aplicando la citada fórmula, podemos escribir:

$$(\cos a + i \sin a)^n = \cos na + i \sin na$$

y sólo tenemos que desarrollar por la fórmula del binomio el primer término.

Así tendremos, por ejemplo, para $n = 2$

$$
\begin{aligned}
(\cos a + i \sin a)^2 &= \cos 2a + i \sin 2a \\
\cos^2 a + 2i \cos a \sin a + i^2 \sin^2 a &= \cos 2a + i \sin 2a \\
\cos^2 a - \sin^2 a + 2i \cos a \sin a &= \cos 2a + i \sin 2a \Rightarrow \left\{ \begin{array}{c} \cos^2 a - \sin^2 a = \cos 2a \\ 2 \cos a \sin a = \sin 2a \end{array} \right\} \\
\cos^2 a - \left(1 - \cos^2 a\right) &= \cos 2a \Rightarrow \cos^2 a = \frac{1 + \cos 2a}{2} \ \text{y} \ \sin^2 a = \frac{1 - \cos 2a}{2}
\end{aligned}
$$

También podemos obtener el seno de una suma o diferencia a partir de la fórmula de Euler:

$$e^{ix} = \cos x + i \sin x$$

$$e^{ia} \cdot e^{ib} = e^{i(a+b)} = \cos(a+b) + i \sin(a+b)$$

pero, por otra parte:

$$(\cos a + i \sin a)(\cos b + i \sin b) = \cos a \cos b - \sin a \sin b + i(\cos a \sin b + \sin a \cos b)$$

igualando las partes reales e imaginarias obtenemos:

$$
\begin{aligned}
\cos(a+b) &= \cos a \cos b - \sin a \sin b \\
\sin(a+b) &= \cos a \sin b + \sin a \cos b
\end{aligned}
$$

Las transformaciones de productos de senos y/o cosenos, son muy utiles en el cálculo de primitivas, veamos un procedimiento sencillo basado en la fórmula de Euler.

Ejemplo 3.7 *Transformar $\sin x \sin 2x$ en sumas de senos y/o cosenos.*

Sea $e^{ix} = \cos x + i \sin x$, y $e^{-ix} = e^{i(-x)} = \cos(-x) + i \sin(-x) = \cos x - i \sin x$.
Sumando y restando, obtenemos:

$$
\begin{aligned}
\cos x &= \frac{e^{ix} + e^{-ix}}{2} \\
\sin x &= \frac{e^{ix} - e^{-ix}}{2i}
\end{aligned}
$$

de donde,

$$\sin x = \frac{e^{ix} - e^{-ix}}{2i}$$

$$\sin 2x = \frac{e^{i2x} - e^{-i2x}}{2i}$$

y multiplicando

$$\begin{aligned}
\sin x \sin 2x &= \frac{e^{ix} - e^{-ix}}{2i} \frac{e^{i2x} - e^{-i2x}}{2i} = \frac{1}{-4}\left(e^{3ix} - e^{-ix} - e^{ix} + e^{-3ix}\right) = \\
&= \frac{1}{-4}\left[\left(e^{3ix} + e^{-3ix}\right) - \left(e^{ix} + e^{-ix}\right)\right] = -\frac{1}{2}\left[\frac{\left(e^{3ix} + e^{-3ix}\right)}{2} - \frac{\left(e^{ix} + e^{-ix}\right)}{2}\right] = \\
&= -\frac{1}{2}\left[\cos 3x - \cos x\right]
\end{aligned}$$

La importacia de los números complejos radica en que es un cuerpo cerrado, es decir, toda ecuación algebraica de coeficientes, reales o complejos, tiene por lo menos, una raíz real o imaginaria. A este resultado se le conoce como teorema fundamantal del Álgebra.

3.8. Ejercicios

Ejercicio 3.7 *Hallar* $z = \frac{(1+i)^{100}}{\left(\sqrt{1-i}\right)^{50}}$

$$z = \frac{(1+i)^{100}}{\left(\sqrt{1-i}\right)^{50}} = z = \frac{(1+i)^{100}}{(1-i)^{25}}$$

Pasamos los número complejos a su forma polar

$$z_0 = 1 + i \Rightarrow \left\{ \begin{array}{l} \arg(z_0) = \arctan\frac{1}{1} = \frac{\pi}{4} \\ |z_0| = \sqrt{1^2 + 1^2} = \sqrt{2} \end{array} \right\} \Rightarrow z_0 = \sqrt{2}_{\frac{\pi}{4}} \Rightarrow z_0^{100} = \sqrt{2}^{100}_{100\frac{\pi}{4}} = 2^{50}_{\ 25\pi}$$

$$z_1 = 1 - i \Rightarrow \left\{ \begin{array}{l} \arg(z_0) = \arctan\frac{-1}{1} = -\frac{1}{4}\pi \\ |z_1| = \sqrt{1^2 + (-1)^2} = \sqrt{2} \end{array} \right\} \Rightarrow z_1 = \sqrt{2}_{-\frac{\pi}{4}} \Rightarrow z_0^{100} = \sqrt{2}^{25}_{\ -25\frac{\pi}{4}}$$

$$z = \frac{2^{50}_{\ 25\pi}}{\sqrt{2}^{25}_{\ -25\frac{\pi}{4}}} = \sqrt{2}^{75}_{\ 75\frac{\pi}{4}} = \sqrt{2}^{75}_{\ \frac{3\pi}{4}} = 2^{37}\sqrt{2}\left(\cos\frac{3\pi}{4} + i\sin\frac{3\pi}{4}\right) = 2^{37}\sqrt{2}\left(-1 + i\right)$$

Ejercicio 3.8 *Calcular* $f(n) = \left(\frac{1+i}{\sqrt{2}}\right)^n + \left(\frac{1-i}{\sqrt{2}}\right)^n$ *para* $n = 1, 2, 3, 4$ *y probar que* $f(n+4) = -f(n)\,(n > 0\ entero)$

$$\begin{aligned}
f(n) &= \left(\frac{1+i}{\sqrt{2}}\right)^n + \left(\frac{1-i}{\sqrt{2}}\right)^n = \left(e^{\frac{\pi}{4}i}\right)^n + \left(e^{-\frac{\pi}{4}i}\right)^n = e^{\frac{n\pi}{4}i} + e^{-\frac{n\pi}{4}i} = \\
&= \cos\left(\frac{n\pi}{4}\right) + i\sin\left(\frac{n\pi}{4}\right) + \cos\left(-\frac{n\pi}{4}\right) + i\sin\left(-\frac{n\pi}{4}\right) = \\
&= \cos\left(\frac{n\pi}{4}\right) + i\sin\left(\frac{n\pi}{4}\right) + \cos\left(\frac{n\pi}{4}\right) - i\sin\left(\frac{n\pi}{4}\right) = 2\cos\left(\frac{n\pi}{4}\right)
\end{aligned}$$

de donde

$$f(1) = 2\cos\left(\frac{\pi}{4}\right) = 2\frac{\sqrt{2}}{2} = \sqrt{2}$$

$$f(2) = 2\cos\left(\frac{2\pi}{4}\right) = 0$$

$$f(3) = 2\cos\left(\frac{3\pi}{4}\right) = -\sqrt{2}$$

$$f(4) = 2\cos\left(\frac{4\pi}{4}\right) = -2$$

$$f(n+4) = 2\cos\left(\frac{(n+4)\pi}{4}\right) = 2\cos\left(\frac{n\pi}{4} + \pi\right) = -2\cos\frac{n\pi}{4} = f(n)$$

Ejercicio 3.9 *Girar 45° el vector $z = 3 + 4i$ y extenderlo el doble.*

Girar una figura o un vector 45°, equivale a multiplicarlo por el número complejo $z = 1_{45°} = 1_{\frac{\pi}{4}} = \cos\frac{\pi}{4} + i\sin\frac{\pi}{4} = \frac{1}{2}\sqrt{2} + \frac{1}{2}i\sqrt{2}$ y para extenderlo el doble basta con multiplicar por 2.

$$(3 + 4i)\left(\frac{1}{2}\sqrt{2} + \frac{1}{2}i\sqrt{2}\right)2 = -\sqrt{2} + 7i\sqrt{2}$$

Ejercicio 3.10 *Calcular la suma $\cos a + \cos 2a + \cos 3a + \cdots + \cos na$*
  Consideramos

$$
\begin{aligned}
z &= \cos a + \cos 2a + \cos 3a + \cdots + \cos na + i(\sin a + \sin 2a + \cdots + \sin na) = \\
&= \cos a + i\sin a + \cos 2a + i\sin 2a + \cdots + \cos na + i\sin na = \\
&= e^{ia} + e^{i2a} + \cdots + e^{ina} = \left\{\begin{array}{c}\text{suma de } n \text{ términos de} \\ \text{una progresión geométrica}\end{array}\right\} = \frac{e^{ina}e^{ia} - e^{ia}}{e^{ia} - 1} = \\
&= e^{ia}\frac{c^{ina} - 1}{e^{ia} - 1} = e^{ia}\frac{\cos na + i\sin na - 1}{\cos a + i\sin a - 1} = e^{ia}\frac{-1 + \cos na + i\sin na}{-1 + \cos a + i\sin a} = \\
&= e^{ia}\frac{-\sin^2\frac{na}{2} + i2\sin\frac{na}{2}\cos\frac{na}{2}}{-\sin^2\frac{a}{2} + i2\sin\frac{a}{2}\cos\frac{a}{2}} = e^{ia}\frac{\sin\frac{na}{2}}{\sin\frac{a}{2}}\cdot\frac{-\sin\frac{na}{2} + i2\cos\frac{na}{2}}{-\sin\frac{a}{2} + i2\cos\frac{a}{2}} = \\
&= e^{ia}\frac{\sin\frac{na}{2}}{\sin\frac{a}{2}}\cdot\frac{-i\sin\frac{na}{2} + i^2 2\cos\frac{na}{2}}{-i\sin\frac{a}{2} + i^2 2\cos\frac{a}{2}} = e^{ia}\frac{\sin\frac{na}{2}}{\sin\frac{a}{2}}\cdot\frac{-\sin\frac{na}{2} - 2\cos\frac{na}{2}}{-\sin\frac{a}{2} - 2\cos\frac{a}{2}} = \\
&= e^{ia}\frac{\sin\frac{na}{2}}{\sin\frac{a}{2}}\cdot e^{i\left(\frac{na}{2} - \frac{a}{2}\right)} = \frac{\sin\frac{na}{2}}{\sin\frac{a}{2}}\cdot e^{i\left(\frac{na}{2} + \frac{a}{2}\right)} = \frac{\sin\frac{na}{2}}{\sin\frac{a}{2}}\cdot e^{i\frac{(n+1)a}{2}} = \\
&= \frac{\sin\frac{na}{2}}{\sin\frac{a}{2}}\cdot\left(\cos\frac{n+1}{2}a + i\sin\frac{n+1}{2}a\right)
\end{aligned}
$$

de donde, igualando la parte real y la imaginaria, tendremos:

$$\cos a + \cos 2a + \cos 3a + \cdots + \cos na = \frac{\sin\frac{na}{2}}{\sin\frac{a}{2}}\cdot\cos\frac{n+1}{2}a$$

$$\sin a + \sin 2a + \sin 3a + \cdots + \sin na = \frac{\sin\frac{na}{2}}{\sin\frac{a}{2}}\cdot\sin\frac{n+1}{2}a$$

Ejercicio 3.11 *Demostrar las fórmulas de Moivre:*

$$1 + \cos\frac{2\pi}{n} + \cos\frac{4\pi}{n} + \cdots + \cos\frac{2(n-1)\pi}{n} = 0$$

$$\sin\frac{2\pi}{n} + \sin\frac{4\pi}{n} + \cdots + \sin\frac{2(n-1)\pi}{n} = 0$$

Ejercicio 3.12 *Hallar las raices de la ecuación $(1+i)\,z^3 - 2i = 0$*

Ejercicio 3.13 *Escribir en forma binómica $e^{\sqrt{i}}$.*

Ejercicio 3.14 *Resolver la ecuación $z^4 - 16 = 0$.*

Ejercicio 3.15 *Resolver la ecuación $z^4 + 16 = 0$.*

Ejercicio 3.16 *Resolver la ecución $(z+1)^3 + i\,(z-1)^3 = 0$.*

Capítulo 4

Polinomios

> **Sumario.** Operaciones con polinomios. Factorización de polinomios. Ejercicios.

4.1. Factorización de polinomios.

Teorema 4.1 *Teorema fundamental del Álgebra.*- *Todo polinomio con coeficientes complejos, tiene por lo menos una raíz.*

Definición 4.2 *Una ecuación $P(x) = 0$, donde P es un polinomio, diremos que α es una raíz o cero de P si $P(\alpha) = 0$.*

Proposición 4.3 *Si α es una raíz de P, entonces $x - \alpha$ divide a $P(x)$.*

Proposición 4.4 *Si P es un polinomio con coeficientes reales y $\alpha \in \mathbb{C}$ es una raíz, entonces $\overline{\alpha}$ es también raíz de P.*

Demostración. Sea $P(x) = a_n x^n + a_{n-1} x^{n-1} + \cdots + a_0$ y

$$P(\alpha) = a_n \alpha^n + a_{n-1} \alpha^{n-1} + \cdots + a_0 = 0$$

entonces

$$
\begin{aligned}
\overline{P(\alpha)} &= \overline{a_n \alpha^n + a_{n-1} \alpha^{n-1} + \cdots + a_0} = \overline{0} = \\
&= \overline{a_n \alpha^n} + \overline{a_{n-1} \alpha^{n-1}} + \cdots + \overline{a_0} = 0 = \\
&= a_n \overline{\alpha}^n + a_{n-1} \overline{\alpha}^{n-1} + \cdots + a_0 = 0 = P(\overline{\alpha})
\end{aligned}
$$

$\square$

Corolario 4.5 *Si P tiene grado impar con coeficientes reales, entonces P tiene al menos una raíz real.*

Demostración. Si α es raíz compleja, entonces $\overline{\alpha}$ también lo es, así que las raices complejas van de dos en dos, luego el número de raices complejas tiene que ser par.$\square$

Corolario 4.6 *Todo polinomio con coeficientes reales se descompone en factores lineales y/o cuadráticos.*

Demostración. Sea $P(x) = a_n \alpha^n + a_{n-1} \alpha^{n-1} + \cdots + a_0 = 0 = a_n (x - \alpha_1)(x - \alpha_2) \cdots (x - \alpha_n)$
Si dos raices son α y $\overline{\alpha}$, tendremos que:

$$
\begin{aligned}
(x - \alpha)(x - \overline{\alpha}) &= (x - (a + bi))(x - (a - bi)) = \\
&= (x - a - bi)(x - a + bi) = \\
&= ((x - a) - bi)((x - a) + bi) = \\
&= (x - a)^2 - b^2 i^2 = (x - a)^2 + b^2 = \\
&= x^2 - 2ax + a^2 + b^2
\end{aligned}
$$

$\square$

Definición 4.7 *Si α es raíz de $P(x)$ entonces $(x - \alpha)$ divide a $P(x)$, es decir, $(x - \alpha)Q(x) = P(x)$. Si $(x - \alpha)^r$ divide a $P(x)$ y $(x - \alpha)^{r+1}$ no divide a $P(x)$, diremos que α es una raíz de P con multiplicidad r, o que α es una raíz de orden r y escribiremos:*

$$
P(x) = (x - \alpha)^r (x - \beta)^s \cdots (x - \varrho)^z
$$

con $r + s + \cdots + z = n$

Ejemplo 4.1 *Descomponer $x^4 + 1$ en $\mathbb{R}$ y en $\mathbb{C}$*

Evidentemente en R no tiene raices $x^4 + 1$, así pues se tiene que descomponer en factores cuadráticos. Como también nos pide descomponer en C, hallamos las raices cuartas de -1

$$
x = \sqrt[4]{-1} = \sqrt[4]{1_\pi} = x_\alpha \Leftrightarrow 1_\pi = (x_\alpha)^4 = x_{4\alpha}^4
$$

de donde:

$$
x^4 = 1 \Rightarrow x = 1
$$
$$
4\alpha = \pi + 2k\pi \Rightarrow \alpha = \frac{\pi}{4} + \frac{2k\pi}{4}
$$

dando a k los valores $0, 1, 2, 3$, obtenemos que las raices son:

$$
\begin{aligned}
1_{\frac{\pi}{4}} &= \cos\frac{\pi}{4} + i\sin\frac{\pi}{4} = \frac{\sqrt{2}}{2} + i\frac{\sqrt{2}}{2} \\
1_{\frac{3\pi}{4}} &= \cos\frac{3\pi}{4} + i\sin\frac{3\pi}{4} = -\frac{\sqrt{2}}{2} + i\frac{\sqrt{2}}{2} \\
1_{\frac{5\pi}{4}} &= \cos\frac{5\pi}{4} + i\sin\frac{5\pi}{4} = -\frac{\sqrt{2}}{2} - i\frac{\sqrt{2}}{2} \\
1_{\frac{7\pi}{4}} &= \cos\frac{7\pi}{4} + i\sin\frac{7\pi}{4} = \frac{\sqrt{2}}{2} - i\frac{\sqrt{2}}{2}
\end{aligned}
$$

la descomposición en $\mathbb{C}$ sería:

$$
\left(x - \left(\frac{\sqrt{2}}{2} + i\frac{\sqrt{2}}{2}\right)\right)\left(x - \left(-\frac{\sqrt{2}}{2} + i\frac{\sqrt{2}}{2}\right)\right)\left(x - \left(-\frac{\sqrt{2}}{2} - i\frac{\sqrt{2}}{2}\right)\right)\left(x - \left(\frac{\sqrt{2}}{2} - i\frac{\sqrt{2}}{2}\right)\right) =
$$

y en $\mathbb{R}$

$$= \left(\left(x - \frac{\sqrt{2}}{2}\right) - i\frac{\sqrt{2}}{2}\right)\left(\left(x - \frac{\sqrt{2}}{2}\right) + i\frac{\sqrt{2}}{2}\right)\left(\left(x + \frac{\sqrt{2}}{2}\right) + i\frac{\sqrt{2}}{2}\right)\left(\left(x + \frac{\sqrt{2}}{2}\right) - i\frac{\sqrt{2}}{2}\right) =$$

$$= \left(\left(x - \frac{\sqrt{2}}{2}\right)^2 + \left(\frac{\sqrt{2}}{2}\right)^2\right)\left(\left(x + \frac{\sqrt{2}}{2}\right)^2 + \left(\frac{\sqrt{2}}{2}\right)^2\right)$$

Si solamente lo hubiesen pedido en $\mathbb{R}$, se podría haber hecho más rápidamente:

$$x^4 + 1 = x^4 + 2x^2 + 1 - 2x^2 = \left(x^2 + 1\right)^2 - \left(\sqrt{2}x\right)^2 =$$

$$= \left(\left(x^2 + 1\right) - \sqrt{2}x\right)\left(\left(x^2 + 1\right) + \sqrt{2}x\right)$$

Nota 4.8 *En lo que sigue consideraremos polinomios con coeficientes reales.*

Teorema 4.9 *Sea* $P(x) = a_n x^n + a_{n-1}x^{n-1} + \cdots + a_0$, *si* α *es raíz de* $P(x) \Rightarrow \alpha$ *divide a* a_0

Demostración. Si α es raíz de $P(x) \Rightarrow a_n\alpha^n + a_{n-1}\alpha^{n-1} + \cdots + a_0 = 0$ y $a_n\alpha^n + a_{n-1}\alpha^{n-1} + \cdots + a_1\alpha = -a_0 = \alpha\left(a_n\alpha^{n-1} + a_{n-1}\alpha^{n-2} + \cdots + a_1\right) \Rightarrow \alpha$ divide a a_0□

Teorema 4.10 *Sea* $P(x) = a_n x^n + a_{n-1}x^{n-1} + \cdots + a_0$, *si* α *es raíz de* $P(x)$ *y* ± 1 *no es raíz* $\Rightarrow (\alpha + 1)$ *divide a* $P(-1)$

Proof

$$P(x) = (x - \alpha)Q(x) \Rightarrow P(-1) = (-1 - \alpha)Q(-1) = -(1 + \alpha)Q(-1)$$

□

Teorema 4.11 *Sea* $P(x) = a_n x^n + a_{n-1}x^{n-1} + \cdots + a_0$, *si* α *es raíz de* $P(x)$ *y* ± 1 *no es raíz* $\Rightarrow (\alpha - 1)$ *divide a* $P(1)$.

Para saber si α es raíz o no de $P(x) = a_n x^n + a_{n-1}x^{n-1} + \cdots + a_0$ debemos ver si:

1. α divide o no a a_0. Si no lo divide no es raíz.

2. $(\alpha + 1)$ divide a $P(-1)$. Si no lo diivide no es raíz.

3. $(\alpha - 1)$ divide a $P(1)$. Si no lo diivide no es raíz.

4. $P(\alpha)$ si es cero tenemos la primera raíz, si no, no lo es.

Ejemplo 4.2 *Calcular las raices de* $P(x) = x^5 - 3x^4 + 6x^2 - 3x + 8$

45

$$\begin{aligned} P(1) &= 9 \\ P(-1) &= 13 \\ D(8) &= \{\pm 1, \pm 2, \pm 4, \pm 8\} \end{aligned}$$

Si α es raíz

$$\begin{aligned} (\alpha + 1) &\quad \text{divide a} \quad 13 \Rightarrow \alpha + 1 = 13 \text{ o } \alpha + 1 = \pm 1 \Rightarrow \alpha = -2 \\ (-2 - 1) &\quad \text{divide a} \quad 9 \text{ y } P(-2) \neq 0 \end{aligned}$$

El polinomio no tiene raices enteras, ni racionales.

Teorema 4.12 *Los polinómios mónicos (coeficiente principal 1) con coeficientes enteros, si tienen soluciones racionales, estas son enteras.*

Proof Sea $\frac{p}{q}$ irreducible y solución de $x^n + a_{n-1}x^{n-1} + \cdots + a_0$, entonces:

$$\frac{p^n}{q^n} + a_{n-1}\frac{p^{n-1}}{q^{n-1}} + \cdots + a_0 = 0$$

$$p^n + a_{n-1}p^{n-1}q + \cdots + a_0 q^n = 0 \Leftrightarrow p^n = q\left(a_{n-1}p^{n-1} + \cdots + a_0 q^{n-1}\right)$$

de donde deducimos que p^n divide a q siendo p y q eran primos entre sí. $\square$

Ejemplo 4.3 *Probar que el polinomio $x^3 + 2x^2 - x + 1$ no tiene raices racionales.*

$$\begin{aligned} P(1) &= 3 \\ P(-1) &= 3 \end{aligned}$$

y ± 1 son los únicos divisores de 1, luego el polinómio no tiene raices enteras y al ser mónico no las tiene racionales.

Ejemplo 4.4 *Halla las raices racionales de $x^4 - 3x^3 + 2x - 2 = 0$*

$$\begin{aligned} P(1) &= -2 \\ P(-1) &= 0 \end{aligned}$$

$$\begin{array}{r|rrrrr} & 1 & -3 & 0 & 2 & -2 \\ -1 & & -1 & 4 & -4 & 2 \\ \hline & 1 & -4 & 4 & -2 & 0 \end{array}$$

y $P(x) = (x^3 - 4x^2 + 4x - 2)(x + 1) = q(x)(x + 1)$

$$\begin{aligned}
q(1) &= -1 \\
q(-1) &= -11 \\
D(2) &= \{\pm 1, \pm 2\}
\end{aligned}$$

Si α es raíz de $q(x)$ tendremos que:

$$(\alpha + 1) \text{ divide a } -11 \Rightarrow \alpha + 1 = -1 \Rightarrow \alpha = -2 \text{ y } (-2 - 1) \text{ no divide a } -1$$

q no tiene raices enteras.

Ejemplo 4.5 *Halla las raices racionales de $4x^3 + 8x^2 + x - 3$*

Ejemplo 4.6 *Halla las raices racionales de $x^5 + 9x^4 + 15x^3 - 45x^2 - 88x + 60$*

Nota 4.13 *Si dado el polinómio $P(x) = a_n \alpha^n + a_{n-1} \alpha^{n-1} + \cdots + a_0$ queremos obtener las raices racionales $\frac{p}{q}$ (p divide a a_0 y q divide a a_n) lo mejor es probar las fracciones más sencillas y si no sale hacer el cambio $x = \frac{y}{a_n}$ y reducirlo a un polinómio mónico.*

Ejemplo 4.7 *Halla las raices racionales de $8x^3 + 12x^2 - 2x - 3 = 0$*

Las posibles raices son $\left\{\pm\frac{1}{2}, \pm\frac{1}{4}, \pm\frac{1}{8}, \pm\frac{3}{2}, \pm\frac{3}{4}, \pm\frac{3}{8}\right\}$

$$\begin{array}{r|rrrr}
 & 8 & 12 & -2 & -3 \\
\frac{1}{2} & & 4 & 8 & 3 \\
\hline
 & 8 & 16 & 6 & 0
\end{array}$$

$$\begin{array}{r|rrr}
 & 8 & 16 & 6 \\
-\frac{1}{2} & & -4 & -6 \\
\hline
 & 8 & 12 & 0
\end{array}$$

y

$$8x^3 + 12x^2 - 2x - 3 = \left(x - \frac{1}{2}\right)\left(x + \frac{1}{2}\right)(8x + 12) = (2x - 1)(2x + 1)(2x + 3)$$

Capítulo 5

Funciones lineales y cuadráticas. Circunferencia y elipse

Sumario. Funciones reales de variable real. Grfica de una función. Funciones lineales y afines. Ecuación de una recta. Funciones cuadráticas. Parábolas. Circunferencia y elipse. Ejercicios.

5.1. Función lineal y cuadrática. Curvas de primer y segundo grado.

5.1.1. Ecuaciones en dos variables.

Una línea del plano es el conjunto de puntos (x, y), cuyas coordenadas satisfacen la ecuación $F(x, y) = 0$, aquellos puntos que no satisfacen la ecuación no estan sobre la línea.

Ejemplo 5.1 $x - y = 0$

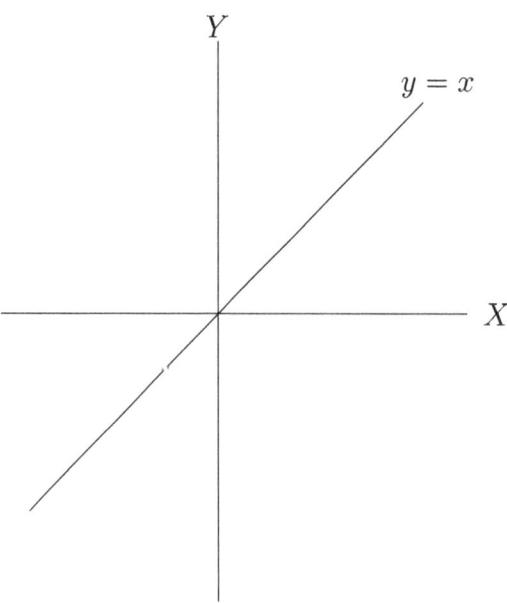

Ejemplo 5.2 $x^2 - y^2 = 0$

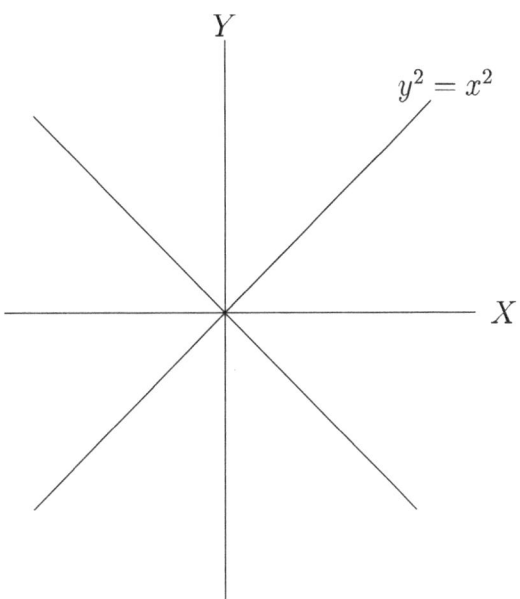

Ejemplo 5.3 $x^2 + y^2 = 0$

La solución es el punto $(0,0)$

Ejemplo 5.4 $x^2 + y^2 + 1 = 0$

No tiene solución en el cuerpo de los número reales.

Ejemplo 5.5 $x^2 + y^2 - 1 = 0$

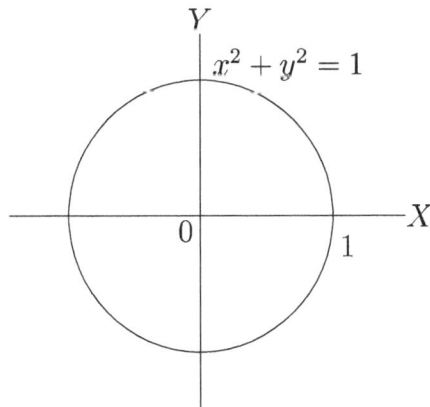

Ejemplo 5.6 *La ecuación $x^2 + 2x + y^2 = 0$ define una circunferencia. Hallar su centro y su radio.*

En la ecuación dada, completamos cuadrados para que "desaparezca" el término en x.

$$
\begin{aligned}
x^2 + 2x + 1 - 1 + y^2 &= 0 \\
(x+1)^2 + y^2 &= 1
\end{aligned}
$$

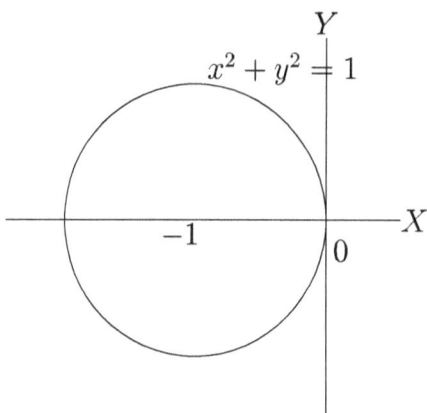

Ejemplo 5.7 *Establecer el conjunto de puntos definidos por $x^2 + y^2 \leq 4x + 4y$*

El conjunto de puntos que verifican una desigualdad es una región del plano, el conjunto de puntos que verifican la ecuación $x^2 + y^2 = 4x + 4y$, es una curva, esta curva delimita la región del plano que buscamos.

$$\begin{aligned} x^2 + y^2 &\leq 4x + 4y \\ x^2 + y^2 - 4x - 4y &\leq 0 \end{aligned}$$

que completando cuadrados, se transforma en:

$$\begin{aligned} x^2 - 2 \cdot x \cdot 2 + 2^2 - 4 + y^2 - 2 \cdot y \cdot 2 + 2^2 - 4 &\leq 0 \\ (x-2)^2 + (y-2)^2 &\leq 8 \end{aligned}$$

que representa el circulo y la circunferencia de centro $(2,2)$ y radio $\sqrt{8}$.

Ejercicio 5.1 *Dados los puntos A y B. Hallar el conjunto de puntos M que están a doble distancia de A que de B.*

5.1.2. Ecuación de primer grado. La recta.

Las líneas de ecuación más sencillas que podemos encontrar son de la forma:

$$Ax + By + C = 0$$

donde A y B no pueden ser simultáneamente cero. Si $B = 0$, representa una recta vertical, $x = -\frac{C}{A}$.

Si $B \neq 0$, podemos escribir:

$$y = -\frac{A}{B}x - \frac{C}{B} = ax + b$$

que es una función de $\mathbb{R} \to \mathbb{R}$, si $b = 0$, la llamaremos lineal, y si $b \neq 0$ afín, donde b es la ordenada en el origen y a es la pendiente.

A α se le denomina ángulo de incidencia, y su tangente es a, la pendiente. Notemos que si $\alpha = 0$, entonces la recta es horizontal, y si $\alpha = \frac{\pi}{2}$ la recta es vertical.

Dado un punto $P(a, b)$ y la pendiente m, la ecuación de la recta es:

$$y - b = m(x - a)$$

Ejemplo 5.8 *Hallar la ecuación de la recta que pasa por los puntos $(3,1)$ y $(5,4)$.*

Para obtener la ecuación de la recta, sólo hemos de sustituir las coordenadas de los puntos en la ecuación de la recta, $y = ax + b$, y resolver el sistema:

$$\left.\begin{array}{l} 1 = a3 + b \\ 4 = a5 + b \end{array}\right\} \quad \left.\begin{array}{l} 1 = 3a + b \\ 3 = 2a \end{array}\right\} \quad \left.\begin{array}{l} b = 1 - \frac{9}{2} = -\frac{7}{2} \\ a = \frac{3}{2} \end{array}\right\}$$

la ecuación de la recta es:

$$y = \frac{3}{2}x - \frac{7}{2}$$

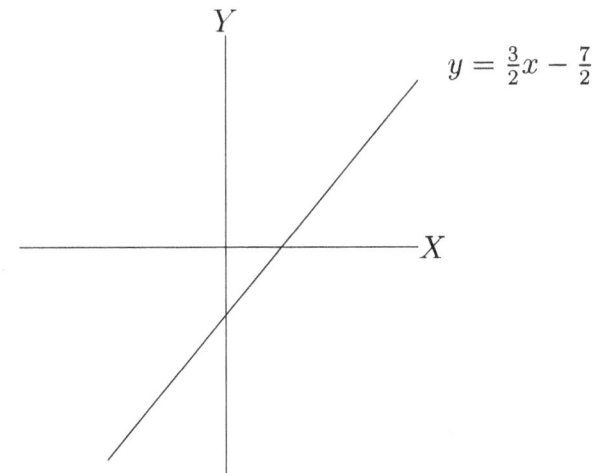

También podemos observar, que la pendiente de la recta es:

$$m = \frac{4-1}{5-3} = \frac{3}{2}$$

y la ecuación de la recta:

$$y - 1 = \frac{3}{2}(x - 3)$$

Ejemplo 5.9 *Hallar la ecuación de la recta que pasa por el punto $(2,1)$ y forma con el eje OX, un ángulo de $\frac{\pi}{4}$ rad.*

La pendiente de la recta es, $m = \tan\left(\frac{\pi}{4}\right) = 1$, por tanto,

$$y - 1 = 1(x - 2)$$

Ángulo de dos rectas

Dadas las rectas $\left.\begin{array}{l} y = ax + b \equiv r \\ y = cx + d \equiv s \end{array}\right\}$, sabemos que $\left.\begin{array}{l} a = \tan\alpha \\ c = \tan\beta \end{array}\right\}$ siendo α, β los ángulos de incidencia de las rectas r y s.

$$\tan(\beta - \alpha) = \frac{\tan\beta - \tan\alpha}{1 + \tan\beta \cdot \tan\alpha} = \frac{c - a}{1 + a \cdot c}$$

Nota 5.1 *Si $a = c$, entonces las rectas son paralelas, el ángulo que forman es 0.*

Nota 5.2 *Si $1 + a \cdot c = 0$, las rectas son perpendiculares, el ángulo que formas es $\frac{\pi}{2}rad$.*

También podemos obtener el ángulo entre dos rectas, a partir de sus vectores de dirección. Dadas las rectas $\left.\begin{array}{l} Ax + By + C = 0 \\ A'x + B'y + C = 0 \end{array}\right\}$, sus vectores de dirección son $\left.\begin{array}{l} (-B, A) \\ (-B', A') \end{array}\right\}$; y el coseno del ángulo que forman es:

$$\cos\gamma = \frac{|(-B)(-B') + AA'|}{\sqrt{A^2 + (-B)^2}\sqrt{(A')^2 + (-B')^2}}$$

Ejemplo 5.10 *Hallar el ángulo que forman las rectas r y s de ecuaciones:*

$$r \equiv y = 2x + 3$$
$$s \equiv y = -3x + 2$$

La tangente del ángulo que forman es:

$$\tan(\beta - \alpha) = \frac{\tan\beta - \tan\alpha}{1 + \tan\beta \cdot \tan\alpha} = \frac{2 - (-3)}{1 + 2 \cdot (-3)} = \frac{5}{-5} = -1$$

y el ángulo es $\frac{3\pi}{4}rad$.

Ejemplo 5.11 *Halla la recta que pasa por el origen y es paralela a la recta $2x - y + 3 = 0$*

La pendiente de la recta es $m = 2$, y la ecuación de la recta paralela:

$$y - 0 = 2(x - 0)$$

Ejemplo 5.12 *Halla la recta que pasa por el origen y es perpendicular a la recta $2x - y + 3 = 0$*

La pendiente de la recta es $m = 2$, y por tanto, la pendiente de la recta perpendicular verifica, $1 + 2m = 0$; y la ecuación de la recta perpendicular

$$y - 0 = \frac{-1}{2}(x - 0)$$

Distancia de un punto a una recta

La distancia de un punto $P(a, b)$, a la recta r de ecuación $Ax + By + C = 0$, se obtiene sustituyendo las ecuaciones del punto P, en el valor absoluto de la ecuación normal de la recta y, esta se obtiene dividiendo la ecuaión general por el módulo del vector normal.

$$\begin{array}{ccc} Ax + By + C = 0 & \rightsquigarrow & \frac{Ax + By + C}{\sqrt{A^2 + B^2}} = 0 & \rightsquigarrow & \left|\frac{Aa + Bb + C}{\sqrt{A^2 + B^2}}\right| = d(P, r) \\ \text{Ecuación general} & & \text{Ecuación normal} & & \text{Distancia} \end{array}$$

Ejemplo 5.13 *Hallar la distancia del punto $P(1, 1)$ a la bisectriz del segundo cuadrante.*

La ecuación de la bisectriz es, $y = -x$.

$$x + y = 0 \rightsquigarrow \frac{x + y}{\sqrt{1^2 + 1^2}} = 0 \rightsquigarrow \frac{1 + 1}{\sqrt{2}} = \sqrt{2} = d(P, r)$$

5.1.3. Líneas de segundo orden. Cónicas.

La ecuación $Ax^2 + Bxy + Cy^2 + Dx + Ey + F = 0$ (1), donde A,B y C no son simultáneamente cero, representa a una cónica en el plano.

La más sencilla de todas ellas es la **circunferencia**, lugar geométrico de puntos del plano que equidistan de uno fijo llamado centro, y a la distancia del centro a un punto cualquiera de la circunferencia se le llama radio.

Ejemplo 5.14 *Hallar la ecuación de la circunferencia.*

Sea $C(a, b)$ las coordenadas del centro y sea R el radio. Si un punto $P(x, y)$ es de la circunferencia verifica:

$$
\begin{aligned}
d(P, C) &= R \\
\sqrt{(x-a)^2 + (y-b)^2} &= R \Leftrightarrow (x-a)^2 + (y-b)^2 = R^2
\end{aligned}
$$

que desarrollando, queda de la forma:

$$x^2 + y^2 - 2ax - 2ay + a^2 + b^2 - r^2 = 0$$

Nota 5.3 (1) *es la ecuación de una circunferencia si $A = C$ y $B = 0$.*

Ejemplo 5.15 *Hallar la ecuación de la circunferencia que pasa por los puntos $(2, 4), (6, 2)$ y $(-1, 3)$.*

Sustituimos las coordenadas de los puntos en la ecuación de la circunferencia y resolvemos el sistema:

$$
\begin{aligned}
2^2 A + 4^2 A + 2D + 4E + F &= 0 \\
6^2 A + 2^2 A + 6D + 2E + F &= 0 \\
(-1)^2 A + 3^2 A - 1D + 3E + F &= 0
\end{aligned}
$$

la solución es: $\{D = -4A, E = 2A, F = -20A, A = A\}$, dandole a A el valor 1, obtenemos:

$$x^2 + y^2 - 4x + 2y - 20 = 0$$

Que podemos escribir, completando cuadrados, de la siguiente forma:

$$
\begin{aligned}
x^2 + y^2 - 4x + 2y - 20 &= x^2 - 4x + 4 + y^2 + 2y + 1 - 25 = 0 \\
(x-2)^2 + (y+1)^2 &= 5^2
\end{aligned}
$$

Ejemplo 5.16 *Hallar el centro y el radio de la circunferencia $4x^2 + 4y^2 + 6x - 3y = 0$.*

$$4x^2 + 4y^2 + 6x - 3y = 0 = x^2 + y^2 + \frac{6}{4}x - \frac{3}{4}y =$$

$$= x^2 + 2x\frac{3}{4} + \left(\frac{3}{4}\right)^2 + y^2 - 2y\frac{3}{8} + \left(\frac{3}{8}\right)^2 - \left[\left(\frac{3}{4}\right)^2 + \left(\frac{3}{8}\right)^2\right] =$$

$$= \left(x + \frac{3}{4}\right)^2 + \left(y - \frac{3}{8}\right)^2 - \frac{45}{64} = 0$$

$$\left(x + \frac{3}{4}\right)^2 + \left(y - \frac{3}{8}\right)^2 = \frac{45}{64}$$

La **elipse** es el lugar geométrico de puntos del plano cuya suma de distancias a dos puntos fijos $(F(c,0)$ y $F'(-c,0))$, llamados focos, es constante. La constante $2a$ es mayor que la distancia entre los focos $2c$.

La ecuación reducida de la elipse es:

$$\frac{x^2}{a^2} + \frac{y^2}{b^2} = 1$$

y su gráfica:

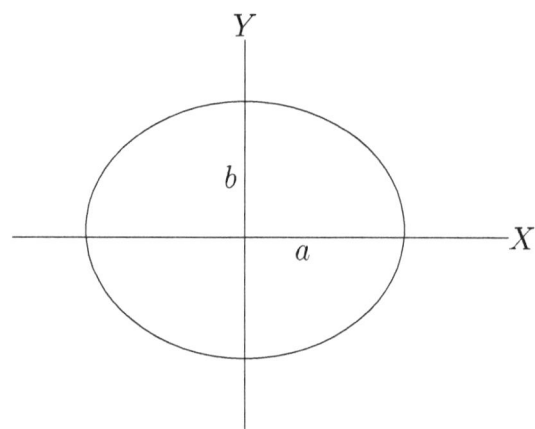

A la vista de la gráfica podemos decir que la ecuación de la elipse no representa una función.

Sustituyendo $y = 0$, en la ecuación obtenemos $x = \pm a$, y a los puntos $A(a,0)$ y $A'(-a,0)$ se les llama vértices y al segmento que determinan se le llama eje mayor y su distancia es $2a$. Análogamente, haciendo $x = 0$, obtenemos $y = \pm b$, b es la longitud del semieje menor de la elipse.

La **hipérbola** es el lugar geométrico de puntos del plano para los cuales el módulo de la diferencia a dos puntos dados, llamados focos, es constante.

Su ecuación reducida es:

$$\frac{x^2}{a^2} - \frac{y^2}{b^2} = 1$$

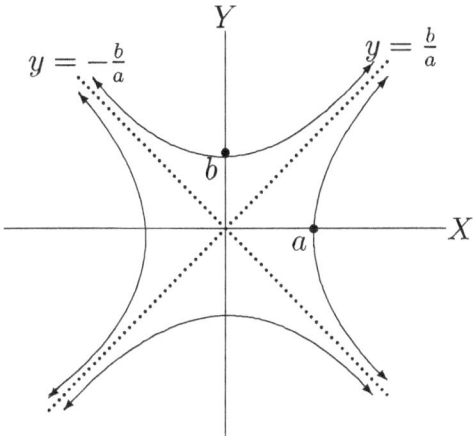

La **parábola** es el lugar geométrico de los puntos que equidistan de un punto fijo, llamado foco, y de una recta llamada directriz.

La ecuación reducida es $y^2 = 2px$. El punto F, situado sobre el eje OX y cuya abcisa es $\frac{p}{2}$, es el foco de la parábola, y la recta $x = -\frac{p}{2}$ es su directriz. Cambiando el lugar de x e y obtenemos la parábola $x^2 = 2py$, que es la única que es una función real y cuya gráfica adjuntamos. Para obtener la gráfica de la otra parábola basta girar los ejes.

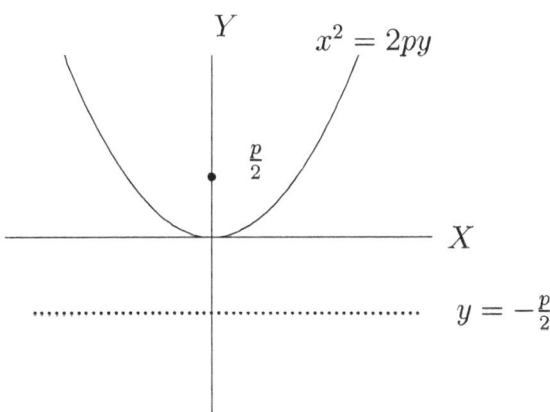

Las cónicas se pueden definir como el lugar geométrico de púntos $P(x, y)$, cuya razón de distancias a un punto fijo F, llamado foco, y a una recta d, llamada directriz, es una constante ε, denominada excentricidad.

$$\frac{d(P, F)}{d(P, d)} = \varepsilon$$

Ejemplo 5.17 *Hallar la ecuación de la elipse de focos* $(0, 1)$ *y* $(-1, 2)$ *y semieje mayor* $a = \sqrt{2}$

Si el punto P de coordenadas (x, y) pertenece a la elipse, verificará:

$$d(P, F) + d(P, F') = 2a$$

$$\sqrt{(x - 0)^2 + (y - 1)^2} + \sqrt{(x - (-1))^2 + (y - 2)^2} = 2\sqrt{2}$$

ecuación irracional, que se resuelve despejando una de las raíces y elevando al cuadrado;

$$\left(\sqrt{(x-0)^2+(y-1)^2}\right)^2 = \left(\sqrt{(x+1)^2+(y-2)^2}+2\sqrt{2}\right)^2$$

$$(x-0)^2+(y-1)^2 = (x+1)^2+(y-2)^2+8+4\sqrt{2}\sqrt{(x+1)^2+(y-2)^2}$$

$$2y+4-2x = 4\sqrt{2}\sqrt{(x+1)^2+(y-2)^2}$$

$$(y+2-x)^2 = \left(2\sqrt{2}\sqrt{(x+1)^2+(y-2)^2}\right)^2$$

$$y^2+4y-2yx+4-4x+x^2 = 8x^2+16x+40+8y^2-32y$$

$$-7y^2+36y-2yx-36-20x-7x^2 = 0$$

Ejemplo 5.18 *Encontrar la ecuación de la hipérbola de directriz $2x-y+3=0$, foco en el punto $(3,-1)$ y excentricidad 3.*

$$\frac{d(P,F)}{d(P,d)} = 3$$

$$\frac{\sqrt{(x-3)^2+(y+1)^2}}{\frac{|2x-y+3|}{\sqrt{4+1}}} = 3$$

$$\sqrt{(x-3)^2+(y+1)^2} = 3\frac{|2x-y+3|}{\sqrt{4+1}}$$

y elevando al cuadrado:

$$(x-3)^2+(y+1)^2 = 9\frac{(2x-y+3)^2}{5}$$

$$x^2-6x+10+y^2+2y = \frac{36}{5}x^2-\frac{36}{5}xy+\frac{108}{5}x+\frac{9}{5}y^2-\frac{54}{5}y+\frac{81}{5}$$

$$-31x^2-138x-31-4y^2+64y+36xy = 0$$

Ejemplo 5.19 *Encontrar la ecuación de la parábola de foco $(1,1)$ y directriz la bisectriz del segundo cuadrante.*

$$\frac{d(P,F)}{d(P,d)} = 1$$

$$\frac{\sqrt{(x-1)^2+(y-1)^2}}{\frac{|x-y|}{\sqrt{2}}} = 1$$

$$(x-1)^2 + (y-1)^2 = \left(\frac{|x-y|}{\sqrt{2}}\right)^2$$

$$x^2 - 2x + 2 + y^2 - 2y = \frac{1}{2}x^2 - xy + \frac{1}{2}y^2$$

$$2x^2 - 4x + 4 + 2y^2 - 4y - \left(x^2 - 2xy + y^2\right) = 0$$
$$x^2 - 4x + 4 + y^2 - 4y + 2xy = 0$$

Ejemplo 5.20 *Encontrar la ecuación de la parábola de foco* $(1,5)$ *y vértice* $(2,2)$.

La directriz es la recta perpendicular al eje, este es la recta determinada por el foco y el vértice, pasando por el punto simétrico del foco con respecto al vétice.

La recta que pasa por el foco y el vértice tiene de ecuación:

$$y - 2 = \frac{5-2}{1-2}(x-2) = -3(x-2) \Leftrightarrow y = -3x + 8$$

El punto intersección del eje y la directriz, es el simétrico del foco con respecto al vértice, por tanto, si (x_0, y_0) son las coordenadas de dicho punto, se verifica:

$$\begin{cases} \frac{x_0+1}{2} = 2 \\ \frac{y_0+5}{2} = 2 \end{cases} \Rightarrow \begin{cases} x_0 = 3 \\ y_0 = -1 \end{cases}$$

Así pues, la directriz es la recta perpendicular a $y = -3x + 8$, pasando por el punto $(3, -1)$

$$y + 1 = \frac{1}{3}(x-3) \Leftrightarrow x - 3y - 6 = 0$$

La ecuación de la parábola, se obtiene de:

$$\frac{d\left((x,y),(1,5)\right)}{\frac{|x-3y-6|}{\sqrt{1+9}}} - 1$$

$$\sqrt{(x-1)^2 + (y-5)^2} = \frac{|x-3y-6|}{\sqrt{1+9}}$$
$$(x-1)^2 + (y-5)^2 = \frac{(x-3y-6)^2}{10}$$
$$10x^2 - 20x + 260 + 10y^2 - 100y = x^2 - 6xy - 12x + 9y^2 + 36y + 36$$
$$9x^2 - 8x + 224 + y^2 - 136y + 6xy = 0$$

Capítulo 6

Funciones exponencial y logarítmica

Sumario. Función exponencial; propiedades. Propiedades de logaritmos. Función logarítmica. Ejercicios.

6.1. Función exponencial

Introducción Estamos familiarizados con las potencias de exponente natural, y utilizamos frecuentemente

$$a^n a^m = a^{n+m}$$

y extender esta propiedad a los números racionales es fácil.

1.

$$a^0 a^n = a^{0+n} = a^n \Rightarrow a^0 = 1$$

2.

$$a^{-n} a^n = a^0 = 1 \Rightarrow a^{-n} = \frac{1}{a^n}$$

3.

$$\overbrace{a^{\frac{1}{n}} a^{\frac{1}{n}} \cdots a^{\frac{1}{n}}}^{n} = a^{\frac{n}{n}} = a^1 \Rightarrow a^{\frac{1}{n}} = \sqrt[n]{a}$$

y como consecuencia de este último:

4.

$$\overbrace{a^{\frac{1}{n}} a^{\frac{1}{n}} \cdots a^{\frac{1}{n}}}^{m} = a^{\frac{m}{n}} \Rightarrow a^{\frac{m}{n}} = \sqrt[n]{a^m}$$

Para definir a^x con $x \in \mathbb{R}$, es necesario recurrir al concepto de límite.

Dado un número real x, siempre existe una sucesión de números racionales, $x_k = \dfrac{m_k}{n_k}$ $(m_k \in \mathbb{Z}, n_k \in \mathbb{N})$, que converge a x.

Sea x un número real y a un número real positivo , se define $a^x = \lim\limits_{k \to \infty} a^{x_k}$

Definición 6.1 *Se llama función exponencial de base a, siendo a un **número real positivo** a la función*

$$f : \mathbb{R} \to \mathbb{R} ,$$
$$x \to a^x$$

Cuando $a > 1$, es estrictamente creciente , si $a < 1$, es estrictamente decreciente y si $a = 1$, es la función constantemente igual a 1. Por lo que consideraremos $a \neq 1$,entonces a^x es inyectiva.

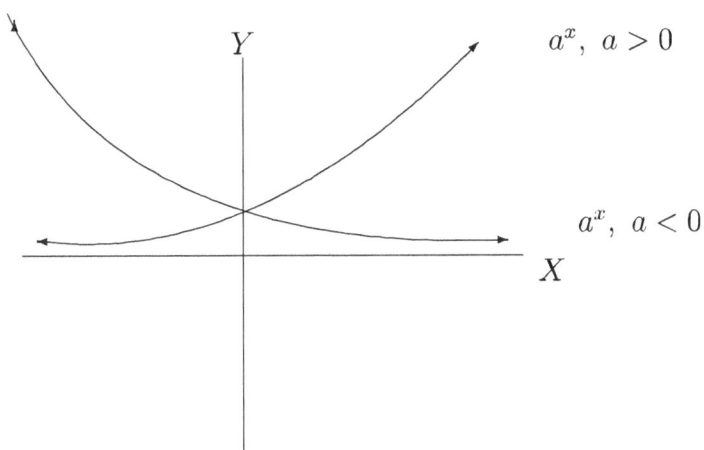

Propiedades . Sean los números reales $a > 0$ y $b > 0$; $n \in \mathbb{N}$ y $x, y \in \mathbb{R}$

1. $a^x = a^y \Rightarrow x = y$ (La aplicación exponencial es inyectiva)

2.   El codominio de la función exponencial de base a es $]0, +\infty[$

3. $a^{nx} = a^x \cdot a^{(n-1)x} = \overbrace{a^x \cdot \ldots \cdot a^x}^{n}$

4. $a^{-x} = \dfrac{1}{a^x} = \left(\dfrac{1}{a}\right)^x$

5. $a^x > 0$

6. $a^{x+y} = a^x \cdot a^y$

7. $\dfrac{a^x}{a^y} = a^{x-y}$

8. $(a^x)^y = a^{x \cdot y}$

9. $(a \cdot b)^x = a^x \cdot b^x$

Ejemplo 6.1 *Resolver* $2^{1-x^2} = \frac{1}{8}$.

Escribimos $\frac{1}{8}$ como potencia de 2, es decir, $2^{-3} = 2^{1-x^2}$, como la función es inyectiva, tendremos que $-3 = 1 - x^2 \Rightarrow x^2 = 4 \to x = 2$ y $x = -2$

Definición 6.2 *Se llama función exponencial* $f(x) = e^x = \exp(x)$.

Es decir la base es el número e, que es un número irracional; más todavía, es trascendente, lo que significa que no existe ningún polinomio con coeficientes enteros que se anule en e,este número aparece, por ejemplo, en el $\lim_{n\to\infty} \left(1 + \frac{1}{n}\right)^n$. Sus primeras cifras decimales son

$$2,718281828459045235360287471352662497757 2...$$

Ejercicio 6.1 *Resolver las siguientes ecuaciones:*

1. $2^{1+x} = 4^{2-x}$

2. $3^x + 3^{1-x} = 4$

3. $6^{(x-2)^2} = 1296$

4. $2^{2x} - 3 \cdot 2^{x+1} + 8 = 0$

5. $2^x + 4^x = 272$

6. $\begin{cases} 2^x - 3^y = 7 \\ 3 \cdot 2^{x-1} - 3^{y+1} = -3 \end{cases}$

6.2. Función logarítmica

La función exponencial es inyectiva y por tanto podemos definir su inversa, esta es la función logarítmica

$$\log :]0, +\infty[\to \mathbb{R}$$

$$\log x = y \qquad \text{si y solo si} \qquad e^y = x.$$

Por tanto, $\log(e^x) = x$ cualquiera que sea $x \in \mathbb{R}$ y $e^{\log x} = x$ cualquiera que sea $x \in]0, +\infty[$.
Sus propiedades son consecuencia de las de la función exponencial.

Propiedades

1. $\log 1 = 0$

2. $\log e = 1$

3. Dados $n \in \mathbb{N}$ y $x \in]0, +\infty[$

   a) $\log(x^n) = n \log x$
   b) $\log(\sqrt[n]{x}) = \frac{1}{n} \log x$
   c) $\log \frac{1}{x} = \log x^{-1} = -\log x$

4. Dados x , $y \in]0, +\infty[$

   a)
   $$\log(x \cdot y) = \log x + \log y.$$

$b)$

$$\log(\frac{x}{y}) = \log x - \log y$$

$c)$

$$\log x^z = z \log x$$

$d)$

$$x^y = e^{y \log x}$$

5. La gráfica de la función logarítmica se obtiene por simetría de la gráfica de la exponencial con respecto a la recta $y = x$,

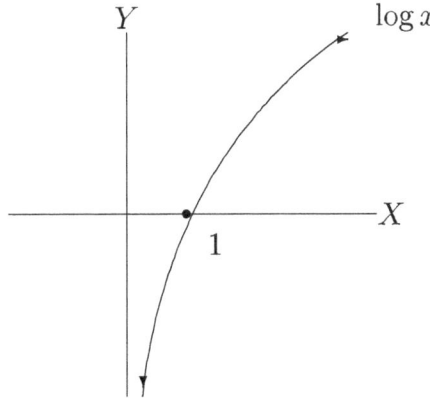

La función logarítmica es estrictamente creciente. En particular, es inyectiva. Es una biyección de los reales positivos en $\mathbb{R}$.

6.2.1. Función logarítmica de base cualquiera

La función logarítmica de base $a > 0$ $a \neq 1$ se define en $]0, +\infty[$ como la inversa de la función exponencial de base a,

$$\log_a x = y \iff a^y = x$$

Por lo tanto,

$$\log x = \log_a x \log a \to \log_a x = \frac{\log x}{\log a}$$

Las propiedades son las mismas que para la función $\log = \ln = \log_e$

Observación.- Dado un número real $a > 0$, la función exponencial de base a se puede expresar mediante

$$a^x = e^x \log a$$

Ejemplo 6.2 *Resolver* $2\log_{10} x = 1 + \log_{10}(x - 0,9)$

Aplicando las propiedades transformamos la ecuación en:

$$\log_{10} x^2 = \log_{10} 10 + \log_{10}(x - 0,9) = \log_{10}(10x - 9)$$

y como la función $\log_{10}$ es inyectiva tendremos:

$$x^2 = 10x - 9 \Rightarrow x = 9 \text{ y } x = 1$$

Ejercicio 6.2 *Resuelve:*

1. $\begin{cases} \log_{x+y} 36 = 2 \\ \log_\pi 1 = x - y \end{cases}$

2. $\begin{cases} \log_3 x + \log_3 y = 2 \\ x - y = 8 \end{cases}$

Ejercicio 6.3 *Calcula*

$$\log_2 3 \log_3 4 \log_4 5 \log_5 6 \cdots \log_{1023} 1024$$

Capítulo 7

Límites y continuidad

Sumario. Concepto intuitivo de límite y continuidad. Propiedades de las funciones continuas. Ejercicios.

7.1. Límite de una función en un punto

Diremos que el límite cuando x tiende a a de f es L, si se puede hacer que $f(x)$ esté tan cerca como queramos de L, haciendo que x esté suficientemente cerca de a, sin coincidir con a.

Ejemplo 7.1 *Sea* $f(x) = x\sin\left(\frac{1}{x}\right)$, *queremos calcular* $\lim_{x\to 0} f(x)$ *que es* 0.

¿Es posible hacer que $x\sin\frac{1}{x}$ esté tan cerca de cero tomando x suficientemente pequeño?
Probamos con $\frac{1}{1000}$, queremos que $f(x)$ esté a menos de $\frac{1}{1000}$ de 0, es decir,

$$-\frac{1}{1000} < x\sin\frac{1}{x} < \frac{1}{1000}$$

o lo que es equivalente

$$\left|x\sin\frac{1}{x}\right| < \frac{1}{1000}$$

pero

$$\left|x\sin\frac{1}{x}\right| = |x|\left|\sin\frac{1}{x}\right| \leq |x| < \frac{1}{1000}$$

para que $f(x)$ diste de cero menos de una milésima, basta con tomar $x \in]10^{-3}, 10^3[$
Podemos repetir el razonamiento tomando un número positivo cualquiera ε, así pues, para que $|f(x) - 0| < \varepsilon$ basta tomar $0 < |x| < \varepsilon$. y podemos escribir $\lim_{x\to 0} f(x) = 0$

Ejemplo 7.2 *Sea* $f(x) = x^2\sin\left(\frac{1}{x}\right)$. *Queremos calcular* $\lim_{x\to 0} f(x)$, *veamos que es* 0.

Sea $\varepsilon \in \mathbb{R}^+$ y queremos saber como hemos de tomar x, para que

$$\left|x^2\sin\left(\frac{1}{x}\right) - 0\right| < \varepsilon$$

En efecto:

$$\left|x^2\sin\left(\frac{1}{x}\right) - 0\right| = |x^2|\left|\sin\left(\frac{1}{x}\right)\right| \leq |x^2| < \varepsilon \Rightarrow |x| < \sqrt{\varepsilon}$$

Definición 7.1 *Decimos que $f : X \to \mathbb{R}$ tine límite en x_0 punto de acumulación de X si*

$$\forall \varepsilon > 0 \quad \exists \delta(\varepsilon) \ \ tal \ que \ si \ 0 < |x - x_0| < \delta(\varepsilon) \Rightarrow |f(x) - l| < \varepsilon$$

Que también se puede formular de la siguiente manera:

Para todo entorno de l, V_l existe un entorno de x_0, U_{x_0} tal que $f\left(U_{x_0}^* \cap X\right) \subset V_l$.

Si no es verdad que $\lim_{x \to x_0} f(x) = l$ se tiene que cumplir entonces:

Existe algún $\varepsilon > 0$ tal que para todo $\delta > 0$, existe algún x para el cual $0 < |x - x_0| < \delta$, pero $|f(x) - l| > \varepsilon$.

Aunque a veces es más fácil usar la siguiente proposición:

Teorema 7.2 *La condición necesaria y suficiente para que el $\lim_{x \to x_0} f(x) = l$ es que para toda sucesión $\{x_n\} \subset X - \{x_0\}$ tal que*

$$\lim_{n \to \infty} x_n = x_0 \Rightarrow \lim_{n \to \infty} f(x_n) = l$$

Proof La condición necesaria es trivial, la suficiente se prueba por reducción al absurdo. Supongamos que $\lim_{x \to x_0} f(x)$ no existe, ello quiere decir que

$$\exists \varepsilon > 0 \ tal \ que \ \forall \delta \ existe \ x_\delta \in X - \{x_0\} \ con \ 0 < |x_0 - x_\delta| < \delta \ y \ |f(x) - l| \geq \varepsilon$$

Tomando $\delta = \frac{1}{n}$ obtenemos $x_n \in X - \{x_0\}$ con $0 < |x_0 - x_n| < \frac{1}{n}$ y $|f(x) - l| \geq \epsilon$, así pues, hemos encontrado una sucesión x_n de límite x_0 tal que la sucesión de sus imágenes no converge a l, en contra de la hipótesis. $\square$

Observación Esta caracterización del límite se utiliza sobre todo para demostrar que el límite de f no existe.

Ejemplo 7.3 *Sea $f(x) = \sin \frac{1}{x}$. Probar que no existe $\lim_{x \to 0} f(x)$.*

Sea por una parte la sucesión $x_n = \frac{1}{2\pi n} \to 0$ cuya sucesión de las imágenes es

$$f(x_n) = f\left(\frac{1}{2\pi n}\right) = \sin \frac{1}{\frac{1}{2\pi n}} = \sin(2\pi n) \to 0$$

Y sea por otra parte la sucesión $y_n = \frac{1}{2\pi n + \frac{\pi}{2}} \to 0$ cuya sucesión de las imágenes es

$$f(y_n) = f\left(\frac{1}{\frac{\pi}{2} + 2\pi n}\right) = \sin\left(\frac{1}{\frac{1}{\frac{\pi}{2} + 2\pi n}}\right) = \sin\left(\frac{\pi}{2} + 2\pi n\right) \to 1,$$

luego, hemos encontrado dos sucesiones que convergen a cero y cuyas sucesiones de imágenes tiene límites distintos; por el teorema anterior no puede existir $\lim_{x \to 0} f(x)$.

7.1.1. Propiedades

Sean f y g funciones definidas en $X \subset \mathbb{R}$ y sea x_0 un punto de acumulación de X, supongamos que $\lim_{x \to x_0} f(x) = l$ y $\lim_{x \to x_0} g(x) = m$. Entonces se verifica:

1. $\lim_{x \to x_0} (f \pm g)(x) = \lim_{x \to x_0} f(x) \pm \lim_{x \to x_0} g(x) = l \pm m$.

2. $\lim_{x \to x_0} (f \cdot g)(x) = \lim_{x \to x_0} f(x) \cdot \lim_{x \to x_0} g(x) = l \cdot m$.

3. $\lim_{x \to x_0} \left(\dfrac{f}{g} \right)(x) = \dfrac{\lim_{x \to x_0} f(x)}{\lim_{x \to x_0} g(x)} = \dfrac{l}{m}$. Siempre y cuando sea $m \neq 0$ y $g(x) \neq 0$.

4. $\lim_{x \to x_0} b^f = b^{\lim_{x \to x_0} f}$ si $b > 0$.

5. $\lim_{x \to x_0} \ln f(x) = \ln \left(\lim_{x \to x_0} f(x) \right)$

6. $\lim_{x \to x_0} f^g = \left(\lim_{x \to x_0} f(x) \right)^{\left(\lim_{x \to x_0} g(x) \right)}$

7. El límite de f en un punto x_0 si existe, es único.

8. Si f tiene límite m en x_0 entonces f está acotada en un entorno reducido de x_0.

9. Si f tiene límite m en x_0 entonces $|f|$ tiene límite en x_0 y vale $|m|$.

10. Si $l = m$ y $f(x) \leq h(x) \leq g(x)$ $\forall x \in U^*$, entonces existe $\lim_{x \to x_0} h(x) = l$

Ejemplo 7.4 *Calcular* $\lim_{x \to 0} x \sin \frac{1}{x}$

$$\left| x \sin \frac{1}{x} \right| = |x| \left| \sin \frac{1}{x} \right| \leq |x| \Rightarrow -|x| \leq x \sin \frac{1}{x} \leq |x|$$

y como $\lim_{x \to 0} |x| = \lim_{x \to 0} -|x| = 0$, resuta que el límite pedido existe y vale cero.

7.1.2. Límites laterales

Sea Γ un subconjunto del dominio de f, si la restricción de f a Γ tiene límite cuando $x \to x_0 \in \Gamma'$, se dice que f tiene límite en x_0 según Γ y se escribe $\lim_{\substack{x \to x_0 \\ x \in \Gamma}} f(x)$.

Consideramos dos subconjuntos del dominio, $\Gamma^+ = \{ x \in X : x > x_0 \}$ y $\Gamma^- = \{ x \in X : x < x_0 \}$, y calculamos en caso de que existan los límites según los subconjuntos Γ^+ y Γ^-.

Al límite

$$\lim_{\substack{x \to x_0 \\ x \in \Gamma^+}} f(x) = \lim_{x \to x_0^+} f(x)$$

lo llamaremos límite por la derecha y lo denotaremos por $\lim_{x \to x_0^+} f(x)$. Análogamente se considera el límite por la izquierda

$$\lim_{\substack{x \to x_0 \\ x \in \Gamma^-}} f(x) = \lim_{x \to x_0^-} f(x)$$

Obviamente para que exista $\lim_{x \to x_0} f(x)$ es necesario y suficiente que existan los límites laterales y que estos coincidan.

Ejemplo 7.5 *Calcular* $\lim_{x \to 0} f(x)$ *donde* $f(x) = \dfrac{e^{\frac{1}{x}} - e^{-\frac{1}{x}}}{e^{\frac{1}{x}} + e^{-\frac{1}{x}}}$ *para* $x \neq 0$.

Calculamos los límites laterales

$$\lim_{x\to 0^+} f(x) = \lim_{x\to 0^+} \frac{e^{\frac{1}{x}} - e^{-\frac{1}{x}}}{e^{\frac{1}{x}} + e^{-\frac{1}{x}}} = \lim_{x\to 0^+} \frac{1 - e^{-\frac{2}{x}}}{1 + e^{-\frac{2}{x}}} = \lim_{x\to 0^+} \frac{1 - \frac{1}{e^{\frac{2}{x}}}}{1 + \frac{1}{e^{\frac{2}{x}}}} = 1$$

$$\lim_{x\to 0^-} f(x) = \lim_{x\to 0^-} \frac{e^{\frac{1}{x}} - e^{-\frac{1}{x}}}{e^{\frac{1}{x}} + e^{-\frac{1}{x}}} = \lim_{x\to 0^-} \frac{e^{\frac{2}{x}} - 1}{e^{\frac{2}{x}} + 1} = \frac{e^{-\infty} - 1}{e^{-\infty} + 1} = \frac{0 - 1}{0 + 1} = -1$$

7.1.3. Dos límites fundamentales

1. $\lim_{x\to 0} \frac{\sin x}{x} = 1$.

   Sabemos por el tema anterior que si $0 < x < \frac{\pi}{2}$

   $$\cos x < \frac{\sin x}{x} < \frac{1}{\cos x}$$

   además

   $$1 - \cos x = 2\sin^2 \frac{x}{2} \le 2\frac{x^2}{4}$$

   y

   $$\lim_{x\to 0} 2\frac{x^2}{4} = 0 \Leftrightarrow \lim_{x\to 0} \cos x = 1$$

   se deduce de la regla del bocadillo que $\lim_{x\to 0} \frac{\sin x}{x} = 1$.

2. $\lim_{x\to 0} (1 + x)^{\frac{1}{x}} = e = \lim_{x\to\infty} \left(1 + \frac{1}{x}\right)^x$

Ejemplo 7.6 *Calcula los siguiente límites:*

1. $\lim_{x\to 0} \frac{1 - \cos x}{x^2/2}$

$$\lim_{x\to 0} \frac{1 - \cos x}{\frac{x^2}{2}} = \lim_{x\to 0} \frac{2\sin^2 \frac{x}{2}}{\frac{x^2}{2}} = \lim_{x\to 0} \frac{\sin^2 \frac{x}{2}}{\frac{x^2}{4}} = \lim_{x\to 0} \left(\frac{\sin \frac{x}{2}}{\frac{x}{2}}\right)^2 = 1$$

2. $\lim_{x\to 0} \frac{\ln(1+x)}{x}$

$$\lim_{x\to 0} \frac{\ln(1 + x)}{x} = \lim_{x\to 0} \ln(1 + x)^{\frac{1}{x}} = \ln e = 1$$

3. $\lim_{x\to 0} \frac{e^x - 1}{x}$

$$\lim_{x\to 0} \frac{e^x - 1}{x} = \left\{ \begin{array}{c} hacemos\ x = \ln(1 + t) \\ x \to 0 \Leftrightarrow t \to 0 \end{array} \right\} =$$

$$= \lim_{x\to 0} \frac{e^x - 1}{x} = \lim_{t\to 0} \frac{e^{\ln(1+t)} - 1}{\ln(1 + t)} = \lim_{t\to 0} \frac{t}{\ln(1 + t)} = 1$$

4. $\lim_{x\to 0} \frac{(1+x)^a - 1}{x}$

$$\lim_{x\to 0} \frac{(1 + x)^a - 1}{x} = \lim_{x\to 0} \frac{e^{a\ln(1+x)} - 1}{x} = \lim_{x\to 0} \frac{ax}{x} = 1$$

7.1.4. Funciones equivalentes en un punto.

Diremos que $f \sim g$ en el punto a si $\lim_{x \to a} \frac{f(x)}{g(x)} = 1$

- Sean f, g y h tres funciones tales que $f \sim g$ cuando $x \to a$, entonces $f \cdot h \sim g \cdot h$ en caso de que exista uno de los límites; y también $\dfrac{f}{h} \sim \dfrac{g}{h}$ cuando $x \to a$.

- Si $x \to 0$ entonces

$$
\begin{array}{cc}
\sin x \sim x & \arcsin x \sim x \\
\tan x \sim x & \arctan x \sim x \\
\log (x+1) \sim x & e^x - 1 \sim x \\
(1+x)^\lambda - 1 \sim \lambda x & k^x - 1 \sim x \log k \\
1 - \cos x \sim \dfrac{x^2}{2} &
\end{array}
$$

Observación Los límites de la forma 1^∞, se resuelven de la siguiente forma:

$$A^B \to 1^\infty$$

$$A^B = e^{B \ln(1+(A-1))} \sim e^{B(A-1)}$$

Ejemplo 7.7 *Halla*

$$\lim_{x \to 0} (1 + \sin x)^{\frac{1}{x}}$$

El límite es de la forma 1^∞

$$\lim_{x \to 0} (1 + \sin x)^{\frac{1}{x}} = \lim_{x \to 0} e^{(\sin x)\frac{1}{x}} = \lim_{x \to 0} e^{x \frac{1}{x}} = e^1$$

Ejemplo 7.8 *Calcular*

$$\lim_{x \to 0^+} \frac{\log \cos 6x}{\log \cos 3x}$$

$$
\lim_{x \to 0^+} \frac{\log \cos 6x}{\log \cos 3x} = \lim_{x \to 0^+} \frac{\log (1 + [-1 + \cos 6x])}{\log (1 + [-1 + \cos 3x])} = \lim_{x \to 0^+} \frac{\cos 6x - 1}{\cos 3x - 1} =
$$

$$
= \lim_{x \to 0^+} \frac{-\frac{(6x)^2}{2}}{-\frac{(3x)^2}{2}} = 4
$$

Ejemplo 7.9 *Calcular*

$$\lim_{x \to +\infty} x \sin \frac{a}{x}$$

Podemos hacer el cambio $x = \dfrac{1}{t}$ $(x \to +\infty \Leftrightarrow t \to 0^+)$

$$\lim_{x \to +\infty} x \sin \frac{a}{x} = \lim_{t \to 0^+} \frac{1}{t} \sin at = \lim_{t \to 0^+} \frac{1}{t} at = a$$

Ejemplo 7.10 *Calcular*

$$\lim_{x \to 1} \left(\frac{x}{\log x} - \frac{1}{\log x} \right)$$

Hacemos el cambio $t = x - 1 \, (t \to 0 \Leftrightarrow x \to 1)$

$$\lim_{x \to 1} \left(\frac{x}{\log x} - \frac{1}{\log x} \right) = \lim_{x \to 1} \left(\frac{x-1}{\log x} \right) = \lim_{t \to 0} \frac{t}{\log(1+t)} = \lim_{t \to 0} \frac{t}{t} = 1$$

$$\lim_{x \to \frac{\pi}{2}} \left[\sin^2 x \right]^{\tan^2 x}$$

El límite es de la forma 1^∞, y para poder aplicar lo visto anteriormente hemos de hacer un cambio de variable $-t = x - \frac{\pi}{2}$. Observemos que

$$x \to \frac{\pi}{2} \Leftrightarrow t \to 0$$

$$\lim_{x \to \frac{\pi}{2}} \left[\sin^2 x \right]^{\tan^2 x} = \lim_{t \to 0} \left[\sin^2 \left(\frac{\pi}{2} - t \right) \right]^{\tan^2 \left(\frac{\pi}{2} - t \right)} = \lim_{t \to 0} \left(\cos^2 t \right)^{\cot^2 t} =$$

$$= \lim_{t \to 0} e^L \text{ siendo } L = \lim_{t \to 0} \left(\cos^2 t - 1 \right) \cot^2 t$$

ahora bien, como $\cos^2 t - 1 = (\cos t - 1)(\cos t + 1) \sim -\frac{t^2}{2} \cdot 2 = -t^2$ y $\cot^2 t = \frac{1}{\tan^2 t} \sim \frac{1}{t^2}$ nos queda $L = \lim_{t \to 0} -t^2 \frac{1}{t^2} = -1$ y el

$$\lim_{x \to \frac{\pi}{2}} \left[\sin^2 x \right]^{\tan^2 x} = e^{-1}$$

Ejemplo 7.11 *Calcular el siguiente límite*

$$\lim_{x \to 0} \frac{(a^x - 1) \log (1 - x^2)}{\left((1 - x^2)^h - 1 \right) \arcsin x}$$

Teniendo en cuenta que $(a^x - 1) \sim x \log a; \log (1 - x^2) \sim -x^2; (1 - x^2)^h - 1 \sim -x^2 h$ y que $\arcsin x \sim x$, se tiene

$$\lim_{x \to 0} \frac{(a^x - 1) \log (1 - x^2)}{\left((1 - x^2)^h - 1 \right) \arcsin x} = \lim_{x \to 0} \frac{x \log a \, (-x^2)}{-x^2 h x} = \frac{\log a}{h}$$

7.2. Funciones continuas

- Sea $f : D \subset \mathbb{R} \to \mathbb{R}$ y $a \in D$. Diremos que f es continua en a, si

$$\lim_{x \to a} f(x) = f(a)$$

que es equivalente a:

■

$$\forall \varepsilon > 0 \quad \exists \delta(\varepsilon) \text{ tal que si } x \in D \text{ y } |x - a| < \delta(\varepsilon) \Rightarrow |f(x) - f(a)| < \varepsilon$$

o a:

- Para toda sucesión $\{x_n\} \subset D$ tal que $\lim_{n\to\infty} x_n = a \Rightarrow \lim_{n\to\infty} f(x_n) = f(a)$.

Que f sea continua en a, nos indica que podemos permutar la función f y el límite.

$$\lim_{x\to a} f(x) = f\left(\lim_{x\to a} x\right)$$

por ello, para calcular un límite, lo habitual es sustituir "x por a"

Ejemplo 7.12 *Sea* $f(x) = \begin{cases} x\sin\frac{1}{x} & si \ x \neq 0 \\ 0 & si \ x = 0 \end{cases}$ *. Estudiar la continuidad de* f *en el punto* $a = 0$.

$$\lim_{x\to 0} f(x) = \lim_{x\to 0} x\sin\frac{1}{x} = 0$$

ya que se trata de una función acotada $\left(\sin\frac{1}{x}\right)$ por una función (x) que tiende a cero. Como $f(0) = 0$ la función es continua en cero.

Ejemplo 7.13 *El valor absoluto es una función continua en* $a = 0$.

$$|x| = \begin{cases} x & si \ x \geq 0 \\ -x & si \ x < 0 \end{cases} \quad y \ \lim_{x\to 0} |x| = 0$$

Ejemplo 7.14 *Estudiar la continuidad de* $f(x) = \begin{cases} 0 & si \ x \in \mathbb{Q} \\ 1 & si \ x \in \mathbb{R} - \mathbb{Q} \end{cases}$ *en el punto (esta función se llama de Dirichlet y es discontinua en todos los puntos).*

La función no es continua, pues no existe $\lim_{x\to 0} \lim f(x)$; para demostrarlo tomamos las sucesiones $\left\{\frac{1}{n}\right\} \to 0$ y $\left\{\frac{\sqrt{2}}{n}\right\} \to 0$, la primera de números racionales y la segunda de irracionales, y $\lim_{x\to 0} f\left(\frac{1}{n}\right) = 0$ mientras que $\lim_{x\to 0} f\left(\frac{\sqrt{2}}{n}\right) = 1$.

Diremos que f es discontinua si:

1. Si existe el límite pero no coincide con $f(a)$, es decir, si $\lim_{x\to a} f(x) = l \neq f(a)$. En este caso la discontinuidad se dice evitable.

2. No existe el límite.

   a) Los límites laterales existen y son distintos, la discontinuidad se llama de salto.

   b) Al menos uno de los límites laterales no existe, la discontinuidad se dice de segunda especie.

Ejemplo 7.15 *Sea* $f(x) = x\sin\frac{1}{x}$ *si* $x \neq 0$ *la función no es continua en cero, pero esta discontinuidad la podríamos evitar, definiendo* $f(0) = 0$.

Ejemplo 7.16 *La función de Dirichlet es discontinua de segunda especie en cada uno de sus puntos.*

7.2.1. Propiedades de las funciones continuas en un punto

1. Si f es continua en a, entonces f está acotada en un entorno de a.

2. Si $f(a) \neq 0$ siendo f continua en a, entonces existe un entorno de a donde f tiene el mismo signo que $f(a)$.

3. La suma, diferencia y producto de funciones continuas en a, es continua. Si g es continua con $g(a) \neq 0$, entonces $\frac{f}{g}$ también es continua en a.

4. Las funciones elementales son todas continuas en sus dominios de definición.

5. Si f es continua en a y g es continua en $b = f(a)$, entonces $g \circ f$ es continua en a.

6. Dadas las funciones f y g continuas en a, las funciones: $\text{máx}(f,g) = \dfrac{f+g+|f-g|}{2}$ y $\text{mín}(f,g) = \dfrac{f+g-|f-g|}{2}$ son continuas.

Ejemplo 7.17 *Estudiar la continuidad de*

$$f(x) = \begin{cases} \frac{x-1+e^{x-1}}{x-1-e^{x-1}} & si\ x < 1 \\ -1 & si\ x = 1 \\ \frac{1-\cos(x-1)}{x-1} & si\ x > 1 \end{cases}$$

Si $x > 1 \Rightarrow f(x) = \dfrac{1-\cos(x-1)}{x-1}$ es continua por diferencia, composición y cociente de funciones continuas. $(x - 1 \neq 0)$

Si $x < 1 \Rightarrow f(x) = \dfrac{x-1+e^{x-1}}{x-1-e^{x-1}}$ y al ser $x - 1 - e^{x-1} < 0$ (no nulo) f es continua por suma, diferencia, composición y cociente de funciones continuas. Veamos que ocurre en 1. Calculamos los límites laterales:

$$\lim_{x \to 1^+} f(x) = \lim_{x \to 1^+} \frac{1-\cos(x-1)}{x-1} = [x-1=t] = \lim_{t \to 0^+} \frac{1-\cos t}{t} = \lim_{t \to 0^+} \frac{\frac{t^2}{2}}{t} = 0$$

$$\lim_{x \to 1^-} f(x) = \lim_{x \to 1^-} \frac{x-1+e^{x-1}}{x-1-e^{x-1}} = [x-1=t] = \lim_{t \to 0^-} \frac{t+e^t}{t-e^t} = \frac{1}{-1} = -1$$

como los límites laterales son distintos, no existe el límite de f y no es continua, la discontinuidad es de salto.

f es continua en $\mathbb{R} - \{0\}$.

7.2.2. Funciones monótonas continuas e inversas

Dada una función $f : I \to \mathbb{R}$ diremos que es monótona creciente en I, si para $x < z$ se verifica que $f(x) \leq f(z)$; y la diremos estrictamente creciente, si la última desigualdad es estricta.

Dada una función $f : I \to \mathbb{R}$ diremos que es monótona decreciente en I, si para $x < z$ se verifica que $f(x) \geq f(z)$; y la diremos estrictamente decreciente si es $f(x) > f(z)$.

- Fácilmente se comprueba que la condición necesaria y suficiente para que f sea creciente en I, es que $\dfrac{f(z) - f(x)}{z - x} \geq 0$ para todo $x, z \in I$.

- Análogamente para funciones decrecientes. $\left(\dfrac{f(z) - f(x)}{z - x} \leq 0 \right)$

- Si $f : I \to \mathbb{R}$ es estrictamente monótona en I, entonces es inyectiva.

Demostración. Evidentemente si $x \neq z \Rightarrow f(x) \neq f(z)$, ya que si $x \neq z \Rightarrow x < z$ o $z < x$ de donde $f(x) < f(z)$ o al contrario, pero siempre distintos, y f es inyectiva.$\square$Además f es biyectiva si restringimos el codominio a $\mathrm{Im}f$.

- En el caso anterior podemos definir $f^{-1} : \mathrm{Im}f \to I$ que también es estrictamente monótona.

Demostración. Sean $t, w \in \mathrm{Im}f \Rightarrow \exists x, z \in I$ tales que $f(x) = t$ y $f(z) = w$. Para ver que es monótona hemos de estudiar el cociente $\dfrac{f^{-1}(t) - f^{-1}(w)}{t - w} = \dfrac{x - z}{f(x) - f(z)}$

y ambos cocientes tienen el mismo signo.$\square$

Teorema 7.3 *Sea f estrictamente monótona y creciente, entonces f^{-1} es estrictamente monótona y continua.*

7.2.3. Ejercicios

Ejercicio 7.1 *Calcular los siguientes límites:*

1. $\lim \dfrac{x^2 - 2x + 1}{x^3 - x}$

$$\lim_{x \to 1} \frac{x^2 - 2x + 1}{x^3 - x} = \frac{0}{0}$$

indeterminado, el numerador y el denominador tienen que ser divisibles por $x - 1$.

$$\lim_{x \to 1} \frac{x^2 - 2x + 1}{x^3 - x} = \lim_{x \to 1} \frac{(x-1)^2}{x(x-1)(x+1)} = \lim_{x \to 1} \frac{(x-1)}{x(x+1)} = \frac{0}{2} = 0$$

2. $\lim_{x \to 0} (\cos x)^{\cot 2x}$

$$\lim_{x \to 0} (\cos x)^{\cot 2x} = 1^\infty = e^L$$

$$L = \lim_{x \to 0} (\cos x - 1) \cot 2x = \lim_{x \to 0} \left(\frac{x^2}{2} \right) \frac{\cos 2x}{\sin 2x} = \lim_{x \to 0} \left(\frac{x^2}{2} \right) \frac{\cos 2x}{2x} = 0$$

$$\lim_{x \to 0} (\cos x)^{\cot 2x} = e^0 = 1$$

3. $\lim_{x \to 0} \frac{\log \cos ax}{\log \cos bx}$

$$c\lim_{x \to 0} \frac{\log \cos ax}{\log \cos bx} = \lim_{x \to 0} \frac{\log(1 + (\cos ax - 1))}{\log(1 + (\cos ax - 1))} =$$

$$= \lim_{x \to 0} \frac{\cos ax - 1}{\cos ax - 1} = \lim_{x \to 0} \frac{-\frac{(ax)^2}{2}}{-\frac{(bx)^2}{2}} = \left(\frac{a}{b}\right)^2$$

4. $\lim_{x \to 0} (\cos x)^{\cot 2x}$

$$\lim_{x \to 0} (\cos x)^{\cot 2x} = 1^\infty = e^L$$

$$L = \lim_{x \to 0} (\cos x - 1) \cot 2x = \lim_{x \to 0} \left(\frac{x^2}{2}\right) \frac{\cos 2x}{\sin 2x} = \lim_{x \to 0} \left(\frac{x^2}{2}\right) \frac{\cos 2x}{2x} = 0$$

$$\lim_{x \to 0} (\cos x)^{\cot 2x} = e^0 = 1$$

5. $\lim_{x \to 0} \frac{a^x - b^x}{x}$

$$\lim_{x \to 0} \frac{a^x - b^x}{x} = \frac{0}{0}$$

$$\lim_{x \to 0} \frac{a^x - b^x}{x} = \lim_{x \to 0} \frac{a^x - 1 - b^x + 1}{x} = \lim_{x \to 0} \frac{a^x - 1}{x} - \lim_{x \to 0} \frac{b^x - 1}{x} =$$

$$= \lim_{x \to 0} \frac{a^x - 1}{x} - \lim_{x \to 0} \frac{b^x - 1}{x} = \lim_{x \to 0} \frac{a^x x \log a}{x} - \lim_{x \to 0} \frac{b^x x \log b}{x} =$$

$$= \lim_{x \to 0} a^x \log a - \lim_{x \to 0} b^x \log b = \log a - \log b$$

6. $\lim_{x \to 0} (\cos x)^{\cot g2x}$

$$\lim_{x \to 0} (\cos x)^{\cot g2x} = 1^\infty$$

$$\lim_{x \to 0} (\cos x)^{\cot g2x} = \lim_{x \to 0} e^{(\cos x - 1)\cot g2x} = \lim_{x \to 0} e^{\frac{\cos x - 1}{\tan 2x}} = \lim_{x \to 0} e^{\frac{-\frac{x^2}{2}}{x}} = e^0 = 1$$

7. $\lim_{x \to 0} \cos\left(\frac{1}{x}\right)$

El límite no existe, cuando x tiende a cero, $\frac{1}{x}$ crece hasta infinito, y el seno va oscilando desde -1 hasta 1. Vamos a demostrar que en efecto no existe:

Tomamos dos sucesiones que tiendan a cero y que las sucesiones de las imagenes tengan límites distintos.

Sea $x_n = \frac{1}{2\pi n} \Rightarrow \cos\left(\frac{1}{\frac{1}{2\pi n}}\right) = \cos(2\pi n) = 1$, que tiene por límite 1. Consideramos $y_n = \frac{1}{\pi + 2\pi n}$ $\to \cos\left(\frac{1}{\frac{1}{\pi + 2\pi n}}\right) = \cos(\pi + 2\pi n) = -1$, cuyo límite es -1. Y el límite no existe.

8. $\lim_{x \to 0} x\cos\left(\frac{1}{x}\right)$

$$x\cos\left(\frac{1}{x}\right) \le \left|x\cos\left(\frac{1}{x}\right)\right| \le |x| \Rightarrow$$

$$\Rightarrow -|x| \le \left|x\cos\left(\frac{1}{x}\right)\right| \le |x|$$

y como $\lim_{x \to 0} |x| = 0$, por la regla del sandwich, el límite pedido es cero.

Ejercicio 7.2 *Calcular el valor de a y b para que la siguiente función sea continua en todos los puntos.*

$$g(x) = \begin{cases} \frac{\sin(x+1)}{x+1} & si \quad x < -1 \\ ax + b & si \quad -1 \leq x \leq 1 \\ \sin\left(\frac{\pi x}{2}\right)^{\frac{1}{\log x}} & si \quad x > 1 \end{cases}$$

La función es continua en todos los salvo en $x = -1$ y en $x = 1$. Veamos que ocurre en dichos puntos:

$$\lim_{x \to -1^-} = \lim_{t \to 0^-} \frac{\sin t}{t} = 1$$

$$\lim_{x \to -1} g(x) \qquad \qquad 1 = -a + b$$

$$\lim_{x \to -1^+} = \lim_{x \to 0^+} ax + b = -a + b$$

$$\lim_{x \to 1^-} = \lim_{x \to 1^-} ax + b = a + b$$

$$\lim_{x \to 1} g(x) \qquad \qquad 1 = a + b$$

$$\lim_{x \to 1^+} \sin\left(\frac{\pi x}{2}\right)^{\frac{1}{\log x}} = 1$$

$$\lim_{x \to 1^+} \sin\left(\frac{\pi x}{2}\right)^{\frac{1}{\log x}} = \lim_{x \to 1^+} e^{\frac{\sin\left(\frac{\pi}{2}x\right)-1}{\log x}} = \lim_{t \to 0^+} e^{\frac{\sin\left(\frac{\pi}{2}(1-t)\right)-1}{\log(1-t)}} =$$

$$= \lim_{x \to 1^+} e^{\frac{\sin\left(\frac{\pi}{2}-\frac{\pi t}{2}\right)-1}{-t}} = \lim_{t \to 0^+} e^{\frac{\cos\left(\frac{\pi}{2}t\right)-1}{-t}} =$$

$$= \lim_{t \to 0^+} e^{\frac{-\frac{\left(\frac{\pi}{2}t\right)^2}{2}}{-t}} = e^0 = 1$$

Resolviendo el sistema

$$\begin{cases} -a + b = 1 \\ a + b = 1 \end{cases}$$

resulta:

$$b = 1 \text{ y } a = 0$$

Ejercicio 7.3 *Estudiar la continuidad de*

$$f(x) = \begin{cases} e^{-1/x^2} & si \quad x < 0 \\ 0 & si \quad x = 0 \\ \sin^2 x \cos \frac{1}{x} & si \quad x > 0 \end{cases}$$

La función es continua en todo punto distinto del cero, por ser composición de funciones continuas (la función exponencial y una función racional con denominador no nulo, por una parte, por otra, es el producto de la función seno por una composición, una racional con denominador distinto de cero y la función coseno). Veamos que sucede en 0.

$$\lim_{x \to 0^+} f(x) = \lim_{x \to 0^+} e^{-1/x^2} = \lim_{x \to 0^+} \frac{1}{e^{1/x^2}} = 0$$

$$\lim_{x \to 0^-} f(x) = \lim_{x \to 0^-} \sin^2 x \cos \frac{1}{x} = 0 \text{ (función acotada por un infinitésimo)}$$

Y la función es continua en todos los puntos.

Ejercicio 7.4 *Escribe una función que sea continua exactamente en dos puntos.*

$$f(x) = \begin{cases} x^2 & si \ x \in \mathbf{Q} \\ 3x - 2 & si \ x \notin \mathbf{Q} \end{cases}$$

Veamos que es continua sólo en 1 y 2. Calculamos el límite en un punto cualquiera $a \in \mathbf{R}$

$$\lim_{x \to a} f(x)$$

Tomamos dos sucesiones que converjan a a. Supongamos que $a \in \mathbf{Q}$

$$x_n = \left\{ \frac{an}{n+1} \right\} \subset \mathbf{Q} \ y \ f\left(\frac{an}{n+1}\right) = \left(\frac{an}{n+1}\right)^2 \to a^2$$

$$y_n = \left\{ \frac{an}{n+\sqrt{2}} \right\} \subset \mathbf{R} - \mathbf{Q} \ y \ f\left(\frac{an}{n+\sqrt{2}}\right) = \left(3\frac{an}{n+\sqrt{2}} - 2\right) \to 3a - 2$$

el límite sólo existe si $a^2 = 3a - 2 \Leftrightarrow a^2 - 3a + 2 = 0$, cuya solución es : $\{a = 2\}, \{a = 1\}$.

Análogamente se procede si $a \notin \mathbf{Q}$.

Ejercicio 7.5 *Estudiar la continuidad de*

$$f(x) = \begin{cases} e^{-\left|\frac{1}{x}\right|} & si \ x \neq 0 \\ 0 & si \ x = 0 \end{cases}$$

Para $x \neq 0$, la función es continua por ser composición de funciones continuas. En el punto cero calculamos el límite.

$$\lim_{x \to 0} e^{-\left|\frac{1}{x}\right|} = \lim_{x \to 0} \frac{1}{e^{\left|\frac{1}{x}\right|}} = \frac{1}{e^{+\infty}} = 0$$

y la función es continua en todos los puntos

Ejercicio 7.6 *Estudiar la continuidad de*

$$f(x) = \begin{cases} e^{-\frac{1}{|x^2-1|}} & si \ x \neq \pm 1 \\ 0 & si \ x = \pm 1 \end{cases}$$

La función la podemos obtener como composición de la anterior y de $g(x) = x^2 - 1$, y por tanto es continua por ser composición de funciones continuas.

Capítulo 8

Derivabilidad de funciones

Sumario. Derivada de una función. Propiedades de la derivada. Ejercicios.

8.1. Derivada

Definición 8.1 *Sea* $f : I \to \mathbb{R}$ *y* $a \in \overset{\circ}{I}$, *si existe el siguiente límite*

$$\lim_{x \to a} \frac{f(x) - f(a)}{x - a} = f'(a)$$

diremos que f *es derivable en el punto* a *y su derivada es* $f'(a)$.

De la unicidad del límite resulta que la derivada es única.

Para que exista dicho límite deben de existir los límites laterales $\lim_{x \to a^+} \frac{f(x)-f(a)}{x-a} = f'_+(a)$, $\lim_{x \to a^-} \frac{f(x)-f(a)}{x-a} = f'_-(a)$ y ser iguales, se les denomina derivada por la derecha y por la izquierda, respectivamente.

Ejemplo 8.1 *Sea* $f(x) = |x| = \begin{cases} x & si \ x \geq 0 \\ -x & si \ x \leq 0 \end{cases}$ *función que sabemos continua en* $a = 0$ *pero que no es diferenciable en ese punto. Calculamos las derivadas laterales*

$$\lim_{x \to 0^+} \frac{f(x) - f(0)}{x - 0} = \lim_{x \to 0^+} \frac{|x| - 0}{x - 0} = \lim_{x \to 0^+} \frac{x}{x} = 1 = f'_+(0)$$

$$\lim_{x \to 0^-} \frac{f(x) - f(0)}{x - 0} = \lim_{x \to 0^-} \frac{|x| - 0}{x - 0} = \lim_{x \to 0^-} \frac{-x}{x} = -1 = f'_-(0)$$

como las derivadas laterales son distintas, la función no puede ser derivable en 0.

Sabemos que la interpretación gráfica de la derivada es que $f'(a)$ es la pendiente de la recta tangente a la curva $y = f(x)$ en el punto $(a, f(a))$, es decir, la ecuación de la recta tangente es

$$y - f(a) = f'(a)(x - a)$$

Ejemplo 8.2 *Hallar la ecuación de la recta tangente a la función $y = x \sin x$ en el punto de abcisa $x = 0$*

$$\lim_{x \to a} \frac{f(x) - f(a)}{x - a} = \lim_{x \to 0} \frac{x \sin x - 0 \sin 0}{x - 0} = \lim_{x \to 0} \frac{x \sin x}{x} = \lim_{x \to 0} \sin x = 0$$

y la ecuación de la recta tangente es

$$y - 0 \sin 0 = 0 (x - 0), \text{ es decir, } y = 0.$$

Teorema 8.2 *Si f es diferenciable en un punto a, entonces f es continua en a.*

Demostración. Para que f sea continua en a debe ocurrir que $\lim_{x \to a} f(x) - f(a) = 0$. Al ser f diferenciable sabemos que $\lim_{x \to a} \frac{f(x) - f(a)}{x - a} = f'(a)$, luego

$$
\begin{aligned}
\lim_{x \to a} f(x) - f(a) &= \lim_{x \to a} \left[\frac{f(x) - f(a)}{x - a} (x - a) \right] = \\
&= \lim_{x \to a} \frac{f(x) - f(a)}{x - a} \lim_{x \to a} (x - a) = f'(a) \cdot 0 = 0
\end{aligned}
$$

□

El recíproco es falso

Ejemplo 8.3 $f(x) = \begin{cases} x^2 & \text{si } x \geq 0 \\ -x & \text{si } x < 0 \end{cases}$ *es continua en 0 y no es derivable en 0*

En efecto, f es continua, pues

$$\lim_{x \to 0^+} f(x) = \lim_{x \to 0^+} x^2 = 0 = \lim_{x \to 0^-} (-x) = \lim_{x \to 0^-} f(x)$$

es decir, $\lim_{x \to 0} f(x) = 0 = f(0)$. En cambio, las derivadas laterales son distintas

$$
\begin{aligned}
\lim_{x \to 0^+} \frac{f(x) - f(0)}{x - 0} &= \lim_{x \to 0^+} \frac{x^2 - 0}{x - 0} = \lim_{x \to 0^+} x = 0 \\
\lim_{x \to 0^-} \frac{f(x) - f(0)}{x - 0} &= \lim_{x \to 0^-} \frac{-x - 0}{x - 0} = \lim_{x \to 0^-} \frac{-x}{x} = -1
\end{aligned}
$$

y por tanto, no existe $f'(0)$.

8.1.1. Cálculo de derivadas

Definición 8.3 *Si $f : I \to \mathbb{R}$ es derivable en cada punto de I, diremos que f es derivable en I, y podemos considerar la función que asocia a cada $x \in I \mapsto f'(x) \in \mathbb{R}$, que llamaremos función derivada y la notaremos por f'.*

Si el intervalo I es cerrado, diremos que f es derivable en a extremo de I, si f tiene derivada lateral.

Al conjunto de las funciones derivables, las notaremos por $\mathcal{D}(I, \mathbb{R})$ y se verifica

$$\mathcal{D}(I, \mathbb{R}) \supset \mathcal{C}(I, \mathbb{R}) \supset \mathcal{F}(I, \mathbb{R})$$

y podemos escribir:

$$f \in \mathcal{D}(I, \mathbb{R}) \mapsto f' \in \mathcal{F}(I, \mathbb{R})$$

Reglas de derivación Si $f, g \in \mathcal{D}(I, \mathbb{R})$, entonces se verifica

$f + g \in \mathcal{D}(I, \mathbb{R})$ y $(f + g)' = f' + g'$

$f \cdot g \in \mathcal{D}(I, \mathbb{R})$ siendo $(f \cdot g)' = f' \cdot g + f \cdot g'$

$\forall \lambda \in \mathbb{R}, (\lambda f) \in \mathcal{D}(I, \mathbb{R})$, con $(\lambda f)' = \lambda f'$

Si $0 \notin f_*(I) \Rightarrow \dfrac{1}{f} \in \mathcal{D}(I, \mathbb{R})$, resultando $\left(\dfrac{1}{f}\right)' = -\dfrac{f'}{f^2}$

Regla de la cadena Si $f \in \mathcal{D}(I, \mathbb{R})$ y $g \in \mathcal{D}(f_*(I), \mathbb{R})$ entonces $g \circ f \in \mathcal{D}(I, \mathbb{R})$, y $(g \circ f)(a) = g'(f(a)) \cdot f'(a)$

Homeomorfismos diferenciables Si $f : I \to f_*(I)$ un homeomorfismo, tal que $f \in \mathcal{D}(I, f_*(I))$ y $0 \notin f'(I)$, entonces $f^{-1} \in \mathcal{D}(f_*(I), \mathbb{R})$ y $f^{-1} = \dfrac{1}{f' \circ f^{-1}}$

Ejemplo 8.4 *Sea* $f(x) = \begin{cases} \frac{x^2+1}{x-1} & si\ x \leq 0 \\ \frac{ax+b}{(x+1)^2} & si\ x > 0 \end{cases}$ *. Calcular a y b para que f sea derivable en todo punto. Hallar f'*

Para $x < 0$, $x - 1 \neq 0$, al no anularse el denominador de f, esta es derivable en todos los puntos, por ser cociente de funciones derivables.

Para $x > 0$, $x + 1 \neq 0$, y sucede lo mismo que en el caso anterior.

Estudiamos el caso $x = 0$. Para que f sea derivable, ha de ser continua, luego los límites laterales tienen que ser iguales:

$$\lim_{x \to 0^+} f(x) = \lim_{x \to 0^+} \frac{ax + b}{(x + 1)^2} = \frac{a \cdot 0 + b}{(0 + 1)^2} = b$$

$$\lim_{x \to 0^-} f(x) = \lim_{x \to 0^-} \frac{x^2 + 1}{x - 1} = \frac{0^2 + 1}{0 - 1} = -1$$

De donde deducimos que para $b = -1$, f es continua en 0. Supuesto que $b = -1$, pasamos a calcular las derivadas laterales:

$$f'_+(0) = \lim_{x \to 0^+} \frac{f(x) - f(0)}{x - 0} = \lim_{x \to 0^+} \frac{\frac{ax-1}{(x+1)^2} - (-1)}{x} = \lim_{x \to 0^+} \frac{\frac{ax-1+x^2+2x+1}{(x+1)^2}}{x} =$$

$$= \lim_{x \to 0^+} \frac{ax + x^2 + 2x}{x(x+1)^2} = \lim_{x \to 0^+} \frac{(a + x + 2)x}{x(x+1)^2} = \lim_{x \to 0^+} \frac{(a + x + 2)}{(x+1)^2} = a + 2$$

$$f'_-(0) = \lim_{x \to 0^-} \frac{f(x) - f(0)}{x - 0} = \lim_{x \to 0^-} \frac{\frac{x^2+1}{x-1} - (-1)}{x} = \lim_{x \to 0^-} \frac{\frac{x^2+1+x-1}{x-1}}{x} =$$

$$= \lim_{x \to 0^-} \frac{x^2 + x}{x(x-1)} = \lim_{x \to 0^-} \frac{x(x+1)}{x(x-1)} = \lim_{x \to 0^-} \frac{x+1}{x-1} = -1$$

la función será derivable en 0, si $a = -3$ y $b = -1$, siendo

$$f'(x) = \begin{cases} \frac{2x(x-1)-(x^2+1)}{(x-1)^2} & si \ x < 0 \\ -1 & si \ x = 0 \\ \frac{-3(x+1)^2-2(x+1)(-3x-1)}{(x+1)^4} & si \ x > 0 \end{cases}$$

Ejemplo 8.5 *Sea $f(x) = x^2 \sin\left(\frac{1}{x}\right)$ y $f(0) = 0$. Estudiar la continuidad y derivabilidad de f. ¿Es f' continua?.*

La función es continua en todos los puntos de $\mathbb{R}^*$, pues es un producto de funciones, donde uno de los factores es una composición de funciones continuas (la función seno y la función $\frac{1}{x}$ donde el denominador no se anula) y el otro factor es una función polinómica. Veamos que ocurre en 0

$$\lim_{x \to 0} x^2 \sin\left(\frac{1}{x}\right) = 0 = f(0)$$

por ser el producto de una función acotada $\left(\sin\frac{1}{x}\right)$, por una función que tiende a cero (x^2), y f es continua en $\mathbb{R}$.

Estudiamos la derivabilidad en el 0, en los demás casos un razonamiento análogo al realizado en la continuidad resuelve la cuestión.

$$f'(0) = \lim_{x \to 0} \frac{f(x) - f(0)}{x - 0} = \lim_{x \to 0} \frac{x^2 \sin\left(\frac{1}{x}\right)}{x} = \lim_{x \to 0} x \sin\left(\frac{1}{x}\right) = 0$$

y f es derivable en todos los puntos.

$$f'(x) = \begin{cases} 2x \sin\frac{1}{x} + x^2\left(-\frac{1}{x^2}\right)\cos\frac{1}{x} & si \ x \neq 0 \\ 0 & si \ x = 0 \end{cases}$$

y f' no es continua en cero, ya que el sustraendo de $2x \sin\frac{1}{x} - \cos\frac{1}{x}$ no tiene límite para $x \to 0$.

Ejemplo 8.6 *Hallar la recta tangente a la curva de ecuación $f(x) = x^{\sin x}$ en el punto de abcisa $x = \frac{\pi}{2}$.*

Calculamos la derivada de f tomando logaritmos:

$$\log f = \sin x \log x \Rightarrow \frac{f'}{f} = \cos x \log x + \frac{1}{x} \sin x \Rightarrow$$

$$\Rightarrow f' = f \cdot \left(\cos x \log x + \frac{1}{x} \sin x \right) = x^{\sin x} \cdot \left(\cos x \log x + \frac{1}{x} \sin x \right)$$

$$f'\left(\frac{\pi}{2}\right) = \left(\frac{\pi}{2}\right)^{\sin \frac{\pi}{2}} \left(\cos \frac{\pi}{2} \log \frac{\pi}{2} + \frac{1}{\frac{\pi}{2}} \sin \frac{\pi}{2} \right) = \frac{\pi}{2} \frac{1}{\frac{\pi}{2}} = 1$$

y la ecuación de la recta tangente es:

$$y - \frac{\pi}{2} = 1 \cdot \left(x - \frac{\pi}{2} \right)$$

Ejemplo 8.7 *Hallar la derivada de* $\arcsin x$

Tenemos que $\arcsin x = z \Leftrightarrow x = \sin z$ e

$$y' = \frac{1}{\cos(\arcsin x)} = \frac{1}{\sqrt{1 - \sin^2(\arcsin x)}} = \frac{1}{\sqrt{1 - x^2}}$$

Capítulo 9

Integrales de funciones. Primitivas

Sumario. Concepto intuitivo de integral definida. Primitiva e integral indefinida de una función. Integrales inmediatas. Integración por partes. Integración por cambio de variables. Integrales racionales. Ejercicios.

9.1. Concepto de primitiva

Definición 9.1 *Sea $f : I \subset \mathbb{R} \to \mathbb{R}$ llamaremos primitiva de f a toda función $F : I \subset \mathbb{R} \to \mathbb{R}$ derivable, talque $F'(x) = f(x)$.*

Notemos que si f admite una primitiva en I, entonces f admite infinitas primitivas.

Definición 9.2 *Al conjunto $\{F/F$ es una primitiva de $f\}$, lo llamaremos integral indefinida de f y lo notaremos por $\int f(x)\, dx$.*

Como consecuencia inmediata de la definición se obtienen estas cuatro propiedades:

1. $\left(\int f(x)\, dx\right)' = f(x)$.

2. $\int f'(x)\, dx = f(x)$

3. $\int k f(x)\, dx = k \int f(x)\, dx \;\; \forall k \in \mathbb{R}$.

4. $\int (f(x) + g(x))\, dx = \int f(x)\, dx + \int g(x)\, dx$

9.2. Integración de funciones elementales

$$\text{Si } n \neq -1 \Rightarrow \int f'(x) f^n(x)\, dx = \frac{f^{n+1}(x)}{n+1} + c$$

$$\text{Si } n = -1 \Rightarrow \int \frac{f'(x)}{f(x)} dx = \log|f(x)| + c$$

$$\int f'(x)\, a^{f(x)} dx = \frac{a^{f(x)}}{\log a} + c$$

$$\int f'(x)\, e^{f(x)} dx = e^{f(x)} + c$$

$$\int f'(x) \cos f(x)\, dx = \sin f(x) + c$$

$$\int f'(x) \sin f(x)\, dx = -\cos f(x) + c$$

$$\int f'(x) \cosh f(x)\, dx = \sinh f(x) + c$$

$$\int f'(x) \sinh f(x)\, dx = \cosh f(x) + c$$

$$\int \frac{f'(x)}{\cos^2 f(x)} dx = \tan f(x) + c$$

$$\int \frac{f'(x)}{\sin^2 f(x)} dx = -\cot f(x) + c$$

$$\int \frac{f'(x)}{\sqrt{1 - f^2(x)}} dx = \arcsin f(x) + c$$

$$\int \frac{f'(x)}{\sqrt{f^2(x) - 1}} dx = \operatorname{arg\,cosh} f(x) + c$$

$$\int \frac{f'(x)}{\sqrt{1 + f^2(x)}} dx = \operatorname{arg\,sinh} f(x) + c$$

$$\int \frac{f'(x)}{1+f^2(x)}dx = \arctan f(x) + c$$

$$\int \frac{f'(x)}{1+f^2(x)}dx = \frac{1}{2}\log\frac{1+f(x)}{1-f(x)} + c$$

$$\int f'(x)\sec f(x)\tan f(x)\,dx = \sec f(x) + c$$

$$\int f'(x)\,co\sec f(x)\cot f(x)\,dx = -co\sec f(x) + c$$

$$\int \frac{f'(x)}{2\sqrt{f(x)}}dx = \sqrt{f(x)} + c$$

Ejemplo 9.1 $\int \frac{3x}{(a+bx^2)^3}dx\ con\ (b \neq 0)$

$$\int \frac{3x}{(a+bx^2)^3}dx = \frac{3}{2b}\int \frac{2bx}{(a+bx^2)^3}dx = \frac{3}{2b}\frac{(a+bx^2)^{-3+1}}{-3+1} + c$$

Ejemplo 9.2 $\int \frac{\log^4 x}{x}dx$

$$\int \frac{\log^4 x}{x}dx = \frac{\log^5 x}{5} + c$$

Ejemplo 9.3 $\int \sqrt{\sin 4x}\cos 4x dx$

$$\int \sqrt{\sin 4x}\cos 4x dx = \frac{1}{4}\int (\sin 4x)^{\frac{1}{2}}4\cos 4x dx = \frac{1}{4}\frac{\sin^{\frac{3}{2}}4x}{\frac{3}{2}} + c = \frac{1}{6}\sin^{\frac{3}{2}}4x + c$$

Ejemplo 9.4 $\int (2x+1)^3\,dx$

$$\int (2x+1)^3\,dx = \frac{1}{2}\int (2x+1)^3 2dx = \frac{1}{2}\frac{(2x+1)4}{4} + c$$

Ejemplo 9.5 $\int e^{-x^2}xdx$

$$\int e^{-x^2}xdx = -\frac{1}{2}\int e^{-x^2}(-2x)\,dx = -\frac{1}{2}e^{-x^2} + c$$

Ejemplo 9.6 $\int \dfrac{2^{\arcsin x}}{\sqrt{1-x^2}} dx$

$$\int \frac{2^{\arcsin x}}{\sqrt{1-x^2}} dx = \frac{1}{\ln 2} 2^{\arcsin x} + c$$

Ejemplo 9.7 $\int \cot x dx$

$$\int \cot x dx = \int \frac{\cos x}{\sin x} dx = \ln(\sin x) + c$$

Ejemplo 9.8 $\int \tan x dx$

$$\int \tan x dx = -\int \frac{-\sin x}{\cos x} dx = -\ln(\cos x) + c$$

Ejemplo 9.9 $\int \dfrac{\sin \sqrt{x}}{\sqrt{x}} dx$

$$\int \frac{\sin \sqrt{x}}{\sqrt{x}} dx = 2\int \frac{\sin \sqrt{x}}{2\sqrt{x}} dx = -2\cos\sqrt{x} + c$$

Ejemplo 9.10 $\int \dfrac{x}{\cos x} dx$

$$\int \frac{x}{\cos^2 x^2} dx = \frac{1}{2} \tan x^2 + c$$

Ejemplo 9.11 $\int e^x \cos e^x dx$

$$\int e^x \cos e^x dx = \sin(e^x) + c$$

Ejemplo 9.12 $\int \dfrac{e^x}{\sqrt{1-e^{2x}}} dx$

$$\int \frac{e^x}{\sqrt{1-e^{2x}}} dx = \arcsin e^x + c$$

Ejemplo 9.13 $\int \dfrac{x}{1+x^4} dx$

$$\int \frac{x}{1+x^4} dx = \frac{1}{2}\int \frac{2x}{1+(x^2)^2} = \frac{1}{2} \arctan x^2 + c$$

Ejemplo 9.14 $\int \dfrac{dx}{\sqrt{x}(1+x)}$

$$\int \frac{dx}{\sqrt{x}(1+x)} = 2\int \frac{dx}{2\sqrt{x}\left(1+(\sqrt{x})^2\right)} = 2\arctan\sqrt{x} + c$$

Ejemplo 9.15 $\int \dfrac{dx}{\sqrt{(2x-1)^2+1}}$

$$\int \frac{dx}{\sqrt{(2x-1)^2+1}} = \frac{1}{2}\text{arcsinh}\,(2x-1)+c$$

Ejemplo 9.16 $\int \dfrac{dx}{x\sqrt{\log^2 x - 1}}$

$$\int \frac{dx}{x\sqrt{\log^2 x - 1}} = \ln\left(\ln x + \sqrt{(\ln^2 x - 1)}\right) = \arg\cosh\log x + c$$

Ejemplo 9.17 $\int \dfrac{dx}{\sqrt{25-16x^2}}$

$$\int \frac{dx}{\sqrt{25-16x^2}} = \frac{1}{4}\int \frac{\frac{4}{5}dx}{\sqrt{1-\left(\frac{4x}{5}\right)^2}} = \frac{1}{4}\arcsin\frac{4}{5}x + c$$

9.3. Integración por descomposición

Cuando el integrando se puede descomponer como suma algebraica de otras funciones más elementales, aplicamos las propiedades 3^a y 4^a.

Ejemplo 9.18 $\int \dfrac{(4x+2)^2}{x}dx$

$$\begin{aligned}
\int \frac{(4x+2)^2}{x}dx &= \int \frac{16x^2+16x+4}{x}dx = \int \left(16x+16+\frac{4}{x}\right)dx = \\
&= 8x^2+16x+4\ln|x|+c
\end{aligned}$$

Ejemplo 9.19 $\int \dfrac{x+1}{x-1}dx$

$$\int \frac{x+1}{x-1}dx = \int \left(1+\frac{2}{x-1}\right) = x+2\ln(x-1)+c$$

Ejemplo 9.20 $I = \int (\tan x + \cot x)^2\,dx$

$$\begin{aligned}
I &= \int (\tan x + \cot x)^2\,dx = \int \left(\tan^2 x + \cot^2 x + 2\right)dx = \\
&= \int \left(1+\tan^2 x + 1 + \cot^2 x\right)dx = \tan x - \cot x + c
\end{aligned}$$

Ejemplo 9.21 $I = \int \dfrac{dx}{\sin^2 x \cos^2 x}$

$$\begin{aligned}
I &= \int \frac{dx}{\sin^2 x \cos^2 x} = \int \frac{\left(\sin^2 x + \cos^2 x\right)}{\sin^2 x \cos^2 x} dx = \\
&= \int \frac{\sin^2 x}{\sin^2 x \cos^2 x} dx + \int \frac{\cos^2 x}{\sin^2 x \cos^2 x} dx = \\
&= \int \frac{1}{\cos^2 x} dx + \int \frac{1}{\sin^2 x} dx = \tan x - \cot x + c
\end{aligned}$$

9.4. Integración por sustitución

Supongamos que tenemos que calcular $\int f(x)\, dx$ y tomamos $x = g(t)$, g diferenciable, entonces, por la regla de la cadena, se verifica que:

$$\int f(x)\, dx = \int f(g(t)) \cdot g'(t)\, dt = \int h(t)\, dt = H(t) + c = H\left(g^{-1}(x)\right) + c$$

Ejemplo 9.22 $\int \dfrac{\sqrt{x}+1}{x+1} dx$

$$\begin{aligned}
\int \frac{\sqrt{x}+1}{x+1} dx &= \left\{ \begin{array}{c} \sqrt{x} = t \\ x = t^2 \\ dx = 2t\,dt \end{array} \right\} = \int \frac{t+1}{1+t^2} 2t\,dt = 2\int \frac{t^2+t}{1+t^2} dt = \\
&= 2\int \frac{t^2+1-1+t}{1+t^2} dt = 2\int \left(1 - \frac{1}{1+t^2} + \frac{t}{1+t^2}\right) dt = \\
&= 2\left(t - \arctan t + \frac{1}{2}\ln\left(1+t^2\right)\right) = 2\sqrt{x} - 2\arctan\sqrt{x} + \ln(1+x) + c
\end{aligned}$$

Ejemplo 9.23 $\int \sqrt{1+x^2}\,dx$

$$\begin{aligned}
\int \sqrt{1+x^2}\,dx &= \left\{ \begin{array}{c} x = \sinh t \\ dx = \cosh t\,dt \end{array} \right\} = \int \sqrt{1+\sinh^2 t}\,\cosh t\,dt = \\
&= \int \cosh^2 t\,dt = \int \frac{1+\cosh 2t}{2} dt = \frac{t}{2} + \frac{1}{4}\sinh 2t + c = \\
&= \frac{t}{2} + \frac{1}{4} 2\sinh t \cosh t + c = \frac{1}{2} x\sqrt{\left(1+x^2\right)} + \frac{1}{2}\operatorname{arcsinh} x + c
\end{aligned}$$

Ejemplo 9.24 $\int \dfrac{dx}{2x^2 + 2x + 8}$

$$\begin{aligned}
\int \frac{dx}{2x^2 + 2x + 8} &= \frac{1}{2}\int \frac{dx}{x^2 + x + 4} = \left\{ \begin{array}{c} x^2 + x + 4 = x^2 + 2x\frac{1}{2} + \frac{1}{4} + \frac{15}{4} = \\ = \left(x+\frac{1}{2}\right)^2 + \frac{15}{4} \end{array} \right\} = \\
&= \frac{1}{2}\int \frac{dx}{\left(x+\frac{1}{2}\right)^2 + \frac{15}{4}} = \frac{1}{2}\cdot\frac{4}{15}\int \frac{dx}{\left(\frac{x+\frac{1}{2}}{\sqrt{\frac{15}{4}}}\right)^2 + 1} = \\
&= \frac{2}{15}\int \frac{dx}{\left(\frac{2x+1}{\sqrt{15}}\right)^2 + 1} = \frac{1}{15}\sqrt{15}\arctan \frac{2x+1}{\sqrt{15}} + c
\end{aligned}$$

Ejemplo 9.25 $\int \dfrac{2x+3}{9x^2-12x+8}dx$

$$\begin{aligned}
I &= \int \frac{2x+3}{9x^2-12x+8}dx = \frac{1}{9}\int \frac{18x+27-12+12}{9x^2-12x+8}dx = \\
&= \frac{1}{9}\int \frac{18x-12}{9x^2-12x+8}dx + \frac{1}{9}\int \frac{27+12}{9x^2-12x+8}dx = \\
&= \frac{1}{9}\ln\left(9x^2-12x+8\right) + \frac{39}{9}\int \frac{dx}{9x^2-12x+8} = \frac{1}{9}\ln\left(9x^2-12x+8\right) + \frac{39}{9}I_1
\end{aligned}$$

$$I_1 = \int \frac{dx}{9x^2-12x+8}$$

completamos cuadrados

$$\left\{9x^2-12x+8 = (3x)^2 - 2\cdot 3x\cdot 2 + 4 + 4 = (3x-2)^2 + 4\right\}$$

$$I_1 = \int \frac{dx}{(3x-2)^2+4} = \frac{1}{4}\cdot\frac{2}{3}\int \frac{\frac{3}{2}dx}{\left(\frac{3x-2}{2}\right)^2+1} = \frac{1}{6}\arctan\frac{3x-2}{2}+c$$

de donde

$$I = \frac{1}{9}\ln\left(9x^2-12x+8\right) + \frac{39}{9}\cdot\frac{1}{6}\arctan\frac{3x-2}{2}+c$$

Ejemplo 9.26 $\int \dfrac{x+2}{\sqrt{4x-x^2}}dx$

$$\begin{aligned}
I &= \int \frac{x+2}{\sqrt{4x-x^2}}dx = -\frac{1}{2}\int \frac{-2x-4+4-4}{\sqrt{4x-x^2}}dx = \\
&= -\int \frac{-2x+4}{2\sqrt{4x-x^2}}dx + 4\int \frac{1}{\sqrt{4x-x^2}}dx = -\sqrt{4x-x^2}+4I_1
\end{aligned}$$

$$\begin{aligned}
I_1 &= \int \frac{1}{\sqrt{4x-x^2}}dx = \left\{\begin{array}{c} 4x-x^2 = -(x^2-2\cdot x\cdot 2 + 2^2 - 4) = \\ = 4-(x-2)^2 = 4\left[1-\left(\frac{x-2}{2}\right)^2\right] \end{array}\right\} = \\
&= \int \frac{1}{2\sqrt{1-\left(\frac{x-2}{2}\right)^2}}dx = \arcsin\frac{x-2}{2}+c \Rightarrow
\end{aligned}$$

$$I = -\sqrt{4x-x^2}+4\arcsin\frac{x-2}{2}+c$$

9.5. Integración por partes

Supongamos que $\int f(x)\,dx = \int u(x)\,v'(x)\,dx$ donde u,v,u',v', están definidas en el mismo dominio que f. Al ser

$$d(uv) = udv + vdu$$

e integrando esta expresión

$$\int d\left(uv\right) = uv = \int udv + \int vdu \Rightarrow \int udv = uv - \int vdu$$

fórmula de integración por partes.

Si aplicamos la fórmula a $\int f\left(x\right)dx$, obtenemos:

$$\int f\left(x\right)dx = xf\left(x\right) - \int xdf\left(x\right) = xf\left(x\right) - \int xf'\left(x\right)dx$$

Ejemplo 9.27 $\int \ln x dx$

$$\int \ln x dx = x \ln x - \int x\frac{1}{x} = x \ln x - x + c$$

Ejemplo 9.28 $\int \arctan x dx$

$$\int \arctan x dx = x \arctan x - \int \frac{x}{1+x^2}dx = x \arctan x - \frac{1}{2}\ln\left(x^2 + 1\right) + c$$

El método de integración por partes requiere la elección juiciosa de u y dv. Observemos que si clasificamos las funciones de la siguiente forma

Logarítmica
Inversa Trigonométrica
Algebraica
Trigonométrica
Exponencial

(**LIATE**) cada función de estas clases tiene su derivada en la misma clase o en la inferior, por lo que la clasificación **LIATE** nos da la regla para elegir u, de las dos funciones que aparecen en el integrando, debemos elegir u como aquella de ambas que primero aparezca en la clasificación **LIATE**.

Ejemplo 9.29 $\int x^2 \ln x dx$

$$\begin{aligned}
\int x^2 \overbrace{\ln x}^{u} \, dx &= \int \ln x d\left(\frac{x^3}{3}\right) = \frac{x^3}{3}\ln x - \int \frac{x^3}{3}d\left(\ln x\right) = \\
&= \frac{x^3}{3}\ln x - \int \frac{x^3}{3}\cdot\frac{1}{x}dx = \frac{x^3}{3}\ln x - \int \frac{x^2}{3}dx = \\
&= \frac{x^3}{3}\ln x - \frac{x^3}{9} + c
\end{aligned}$$

Ejemplo 9.30 $I = \int x \arctan x dx$

$$\begin{aligned}
I &= \int x \overbrace{\arctan x}^{u} \, dx = \int \arctan x d\left(\frac{x^2}{2}\right) = \frac{x^2}{2}\arctan x - \int \frac{x^2}{2}d\arctan x = \\
&= \frac{x^2}{2}\arctan x - \int \frac{x^2}{2}\frac{1}{1+x^2}dx = \frac{x^2}{2}\arctan x - \frac{1}{2}\int \frac{x^2 + 1 - 1}{1+x^2}dx = \\
&= \frac{x^2}{2}\arctan x - \frac{1}{2}\int 1 dx + \frac{1}{2}\int \frac{1}{1+x^2}dx = \\
&= \frac{1}{2}x^2 \arctan x - \frac{1}{2}x + \frac{1}{2}\arctan x + c
\end{aligned}$$

Ejemplo 9.31 $I = \int \ln^2 x \, dx$

$$
\begin{aligned}
I &= \int \ln^2 x \, dx = x \ln^2 x - \int x \, d\left(\ln^2 x\right) = x \ln^2 x - 2 \int x \frac{1}{x} \ln x = \\
&= x \ln^2 x - \int \ln x \, dx = x \ln^2 x - 2\left[x \ln x - x\right] + c
\end{aligned}
$$

Ejemplo 9.32 $\int \dfrac{x \arcsin x}{\sqrt{(1-x^2)^3}} dx$

$$
\begin{aligned}
\int \frac{x \arcsin x}{\sqrt{(1-x^2)^3}} dx &= \int \frac{x \arcsin x}{(1-x^2)\sqrt{(1-x^2)}} dx = \int \arcsin x \, d\left(\frac{1}{\sqrt{1-x^2}}\right) = \\
&= \frac{1}{\sqrt{1-x^2}} \arcsin x - \int \frac{1}{\sqrt{1-x^2}} d\left(\arcsin x\right) = \\
&= \frac{1}{\sqrt{1-x^2}} \arcsin x - \int \frac{1}{1-x^2} dx = \\
&= \frac{1}{\sqrt{1-x^2}} \arcsin x - \arg \tanh x + c
\end{aligned}
$$

Ejemplo 9.33 $\int x^2 e^x \, dx$

$$
\begin{aligned}
\int x^2 e^x \, dx &= \int x^2 \, de^x = x^2 e^x - \int e^x \, dx^2 = x^2 e^x - \int 2x e^x \, dx = \\
&= x^2 e^x - \int 2x \, de^x = x^2 e^x - \left[2x e^x - 2 \int e^x \, dx\right] = \\
&= x^2 e^x - \left[2x e^x - 2e^x\right] + c = x^2 e^x - 2x e^x + 2e^x + c
\end{aligned}
$$

Observemos que hemos integrado por partes dos veces, éste es un hecho que se produce frecuentemente, por ello, cuando la función a integrar es un producto, cuyos factores son una función polinómica y una función exponencial o una circular es conveniente ponerlos en forma de tabla, como sigue:

$$
\begin{array}{cc}
D & I \\
x^2 & e^x \\
& \searrow^{+} \\
2x & e^x \\
& \searrow^{-} \\
2 & e^x \\
& \searrow^{+} \\
0 & e^x \\
& \searrow^{-} \\
0 & e^x
\end{array}
$$

y $\int x^2 e^x \, dx = +x^2 e^x - 2x e^x + 2e^x - 0e^x$.

Ejemplo 9.34 $\int (x^2 + 3x - 1) \sin x \, dx$

$$
\begin{array}{cc}
D & I \\
x^2 + 3x - 1 & \sin x \\
& \searrow^{+} \\
2x + 3 & -\cos x \\
& \searrow^{-} \\
2 & -\sin x \\
& \searrow^{+} \\
0 & \cos x \\
& \searrow^{-} \\
& \sin x
\end{array}
$$

$$
\int (x^2 + 3x - 1) \sin x \, dx = -\left(x^2 + 3x - 1\right)\cos x + (2x + 3)\sin x + 2\cos x + c
$$

Ejemplo 9.35 $\int \dfrac{x}{\cos^2 x} dx$

$$
\begin{aligned}
\int \frac{x}{\cos^2 x} dx & = \int x \, d(\tan x) = x \tan x - \int \tan x \, dx = \\
& = x \tan x + \ln \cos x + c
\end{aligned}
$$

9.6. Integración de funciones racionales

Tratamos ahora de integrar funciones racionales, es decir, $\dfrac{P(x)}{Q(x)}$ donde P y Q son funciones polinómicas.

Pueden ocurrir que $gr(P) \geq gr(Q)$ o $gr(P) < gr(Q)$. Donde se puede reducir el primer caso al segundo, para ello sólo necesitamos efectuar la división euclídea, $P(x) = Q(x) \cdot C(x) + R(x)$, donde C y R son el cociente y el resto respectivamente. Y $\dfrac{P(x)}{Q(x)} = \dfrac{Q(x) \cdot C(x) + R(x)}{Q(x)} = C(x) + \dfrac{R(x)}{Q(x)}$.

Así supondremos que $\dfrac{P}{Q}$ es una fracción propia, es decir, $gr(P) < gr(Q)$. Y recordemos que si el polinomio Q tiene una raíz compleja, $a + bi$, entonces también tiene la raíz $a - bi$, y se verifica trivialmente la relación$(x - (a + bi))(x - (a - bi)) = (x - a)^2 + b^2$.

Supongamos que Q tiene las raíces reales $r_1, r_2, .., r_s$ con multiplicidades $\alpha_1, \alpha_2, ..., \alpha_s$ respectivamente, y las complejas $a_1 \pm b_1 i, ..., a_t \pm b_t i$ con multiplicidades $\beta_1, ..., \beta_t$, es decir,

$$
Q = (x - r_1)^{\alpha_1} \cdots (x - r_s)^{\alpha_s} \left((x - a_1)^2 + b_1^2\right)^{\beta_1} \cdots \left((x - a_t)^2 + b_t^2\right)^{\beta_t}
$$

y descomponiendo en fracciones simples,

$$
\begin{aligned}
\frac{P}{Q} = {} & \frac{A_1}{(x - r_1)^{\alpha_1}} + \frac{A_2}{(x - r_1)^{\alpha_1 - 1}} + \cdots + \frac{A_{\alpha_1}}{x - r_1} + \\
& + \frac{B_1}{(x - r_2)^{\alpha_2}} + \frac{B_2}{(x - r_2)^{\alpha_2 - 1}} + \cdots + \frac{A_{\alpha_2}}{x - r_1} + \\
& + \cdots + \frac{M_1 x + N_1}{\left((x - a_1)^2 + b_1^2\right)^{\beta_1}} + \cdots + \frac{M_{\beta_1} x + N_{\beta_1}}{(x - a_1)^2 + b_1^2} + \cdots
\end{aligned}
$$

descomposición que es única, y $A_1, A_2, ..., B_1, B_2, ..., M_1, N_1, ...$ son constantes a determinar.

Ejemplo 9.36 *Descomponer en fracciones simples* $\dfrac{x-2}{(x-1)^2 (1+x^2)}$

$$\frac{x-2}{(x-1)^2 (1+x^2)} = \frac{A}{(x-1)^2} + \frac{B}{x-1} + \frac{Mx+N}{1+x^2}$$

quitamos denominadores

$$x - 2 = A\left(1+x^2\right) + B\left(1+x^2\right)(x-1) + (Mx+N)(x-1)^2$$

y le damos a x los valores 1, i y 0

$$x = 1 \Rightarrow -1 = 2A \Rightarrow A = -\frac{1}{2}$$

$$x = i \Rightarrow i - 2 = (Mi+N)(i-1)^2 = (Mi+N)(-2i) = 2M - 2Ni \Rightarrow \begin{cases} M = -1 \\ N = -\frac{1}{2} \end{cases}$$

$$x = 0 \Rightarrow -2 = A - B + N \Rightarrow B = 1$$

y

$$\frac{x-2}{(x-1)^2 (1+x^2)} = \frac{-\frac{1}{2}}{(x-1)^2} + \frac{1}{x-1} + \frac{-x-\frac{1}{2}}{1+x^2}$$

Una vez descompuesto en fracciones simples $\dfrac{P}{Q}$, se integran cada uno de los sumandos, pudiendo presentarse los siguientes casos:

- Existen raíces reales simples. Si r es una raíz simple de Q en la descomposición aparecerá un sumando de la forma $\frac{A}{x-r}$ que tiene por primitiva a $A\ln|x-r|$.

Ejemplo 9.37 $\int \dfrac{dx}{x(x+1)}$

$$\frac{1}{x(x+1)} = \frac{A}{x} + \frac{B}{x+1} \Rightarrow 1 = A(x+1) + Bx = (A+B)x + A \Rightarrow$$

$$\Rightarrow \begin{cases} 0 = A + B \\ 1 = A \end{cases} \Rightarrow \begin{cases} B = -1 \\ A = 1 \end{cases}$$

$$\int \frac{dx}{x(x+1)} = \int \frac{dx}{x} - \int \frac{dx}{x+1} = \ln|x| - \ln|x+1| + c$$

- Existen raíces reales múltiples.

Si r es una raíz de Q con multlicidad α, en la descomposición en fracciones simples, aparecen los sumandos $\dfrac{A_1}{(x-r)^\alpha} + \dfrac{A_2}{(x-r)^{\alpha-1}} + \cdots + \dfrac{A_\alpha}{x-r}$ y su integral es:

$$\int \left[\frac{A_1}{(x-r)^\alpha} + \frac{A_2}{(x-r)^{\alpha-1}} + \cdots + \frac{A_\alpha}{x-r} \right] dx = A_1 \frac{(x-r)^{-\alpha+1}}{-\alpha+1} + \cdots + A_\alpha \ln(x-r)$$

Ejemplo 9.38 $\int \dfrac{dx}{(x-1)^2(x+1)} = I$

$$\dfrac{1}{(x-1)^2(x+1)} = \dfrac{A}{(x-1)^2} + \dfrac{B}{x-1} + \dfrac{C}{x+1} \Rightarrow$$

$$\Rightarrow \quad 1 = A(x+1) + B(x-1)(x+1) + C(x-1)^2 \Rightarrow$$

$$si \ x = 1 \Rightarrow 1 = 2A \Rightarrow A = \dfrac{1}{2}$$

$$si \ x = -1 \Rightarrow 1 = 4C \Rightarrow C = \dfrac{1}{4}$$

$$si \ x = 0 \Rightarrow 1 = A - B + C \Rightarrow B = -\dfrac{1}{4}$$

e

$$I = \int \left[\dfrac{\frac{1}{2}}{(x-1)^2} - \dfrac{\frac{1}{4}}{x-1} + \dfrac{\frac{1}{4}}{x+1} \right] dx =$$

$$= -\dfrac{1}{2(x-1)} - \dfrac{1}{4}\ln(x-1) + \dfrac{1}{4}\ln(x+1) + c$$

- Q tiene raices imaginarias simples. (raices imaginarias multiples no se ve)

Si Q tiene la raíz $a+bi$, también tiene la $a-bi$ que las podemos agrupar, y se obtiene el sumando $\dfrac{Mx+N}{(x-a)^2+b^2}$, cuya integral da a lugar a un logaritmo más un arco tangente.

$$I_1 = \int \dfrac{Mx+N}{(x-a)^2+b^2}dx = \int \dfrac{Mx - Ma + Ma + N}{(x-a)^2+b^2}dx =$$

$$= \dfrac{M}{2}\int \dfrac{2(x-a)}{(x-a)^2+b^2}dx + \dfrac{Ma+N}{b}\int \dfrac{\frac{1}{b}}{\left(\frac{x-a}{b}\right)^2+1}dx =$$

$$= \dfrac{M}{2}\ln\left((x-a)^2+b^2\right) + \dfrac{Ma+N}{b}\arctan\left(\dfrac{x-a}{b}\right) + c$$

Ejemplo 9.39 $\int \dfrac{x+1}{x(x^2+1)}dx$

$$\dfrac{x+1}{x(x^2+1)} = \dfrac{A}{x} + \dfrac{Mx+N}{x^2+1} = \dfrac{A(x^2+1)+Mx^2+Nx}{x(x^2+1)} =$$

$$= \dfrac{(A+M)x^2+Nx+A}{x(x^2+1)} \Rightarrow \begin{cases} 0 = A+M \\ 1 = N \\ 1 = A \end{cases} \Rightarrow \begin{cases} -1 = M \\ 1 = N \\ 1 = A \end{cases}$$

$$\int \dfrac{x+1}{x(x^2+1)}dx = \int \left[\dfrac{1}{x} + \dfrac{-x+1}{x^2+1}\right]dx = \int \left[\dfrac{1}{x} - \dfrac{1}{2}\dfrac{2x}{x^2+1} + \dfrac{1}{x^2+1}\right]dx =$$

$$= \ln x - \dfrac{1}{2}\ln(x^2+1) + \arctan x + c$$

9.7. Integración de funciones trigonométricas

Tratamos de resolver integrales de la forma $\int R(\sin x, \cos x)\,dx$ donde R es una función racional en $\sin x, \cos x$, aplicando un cambio de variable.

1. R es impar en $\sin x \Rightarrow \begin{cases} \cos x = t \\ x = \arccos t \end{cases}$; $\sin x = \sqrt{1-t^2}$ y $dx = -\dfrac{dt}{\sqrt{1-t^2}}$

2. R impar en $\cos x \Rightarrow \begin{cases} \sin x = t \\ x = \arcsin t \end{cases}$; $\cos x = \sqrt{1-t^2}$ y $dx = \dfrac{dt}{\sqrt{1-t^2}}$

3. R par en $\sin x$ y $\cos x \Rightarrow \begin{cases} \tan x = t \\ x = \arctan t \end{cases}$; $\sin x = \dfrac{t}{\sqrt{1+t^2}}$; $\cos x = \dfrac{1}{\sqrt{1+t^2}}$ y $dx = \dfrac{dt}{1+t^2}$.

Ejemplo 9.40 $\int \dfrac{dx}{\sin x} =$

Hacemos $\cos x = t$

$$\int \frac{dx}{\sin x} = \int \frac{1}{\sqrt{1-t^2}}\frac{-dt}{\sqrt{1-t^2}} = \int \frac{-1}{1-t^2}dt =$$
$$I = -\arg\tanh t + c = -\arg\tanh\cos x + c$$

Ejemplo 9.41 $\int \dfrac{\cos x}{\sin^2 x + \tan^2 x}dx =$

Como el integrando es impar en $\cos x$, hacemos el cambio $\sin x = t$

$$\int \frac{\cos x}{\sin^2 x + \tan^2 x}dx = \int \frac{dt}{t^2 + \frac{t^2}{1-t^2}} = \int \frac{1-t^2}{-t^4 + 2t^2}dt$$

integral racional, se descompone en fracciones simples, integrando y deshaciendo el cambio, se obtiene:

$$\int \frac{\cos x}{\sin^2 x + \tan^2 x}dx = -\frac{1}{2t} - \frac{1}{4}\sqrt{2}\,\text{arctanh}\frac{1}{2}\sin x\sqrt{2} + c$$

Ejemplo 9.42 $\int \dfrac{dx}{\sin^3 x \cos^3 x}$

La función es impar en $\sin x$ y en $\cos x$, y también es par luego, el cambio a emplear puede ser cualquiera, veamos por ejemplo $\tan x = t$.

$$\int \frac{dx}{\sin^3 x \cos^3 x} = \int \frac{1}{\left(\frac{t}{\sqrt{1+t^2}}\right)^3 \left(\frac{1}{\sqrt{1+t^2}}\right)^3}\frac{dt}{1+t^2} = \int \frac{(1+t^2)^3}{t^3}\frac{dt}{1+t^2}$$

simplificando e integrando, y deshaciendo el cambio se tiene que

$$\int \frac{dx}{\sin^3 x \cos^3 x} = \frac{1}{2\sin^2 x \cos^2 x} - \frac{1}{\sin^2 x} + 2\ln(\tan x) + c$$

Integración de productos de senos y cosenos de distinto arco

Recordemos que:

$$
\begin{aligned}
2\sin A \sin B &= \cos\left(A-B\right) - \cos\left(A+B\right) \\
2\cos A \cos B &= \cos\left(A-B\right) + \cos\left(A+B\right) \\
2\sin A \cos B &= \sin\left(A-B\right) + \sin\left(A+B\right) \\
\sin 2A &= 2\sin A \cos A \\
\cos 2A &= \cos^2 A - \sin^2 A \\
\cos^2 A &= \frac{1+\cos 2A}{2} \\
\sin^2 A &= \frac{1-\cos 2A}{2}
\end{aligned}
$$

y también son muy útiles

$$
\begin{aligned}
\sin Ax &= \frac{e^{Aix} - e^{-Aix}}{2i} \\
\cos Ax &= \frac{e^{Aix} + e^{-Aix}}{2}
\end{aligned}
$$

Ejemplo 9.43 $\int \sin 2x \cos 4x\, dx$

$$
\begin{aligned}
\int \sin 2x \cos 4x\, dx &= \int \frac{1}{2}\left[\sin\left(2x-4x\right) + \sin\left(2x+4x\right)\right] dx = \\
&= \frac{1}{4}\cos 2x - \frac{1}{12}\cos 6x + c
\end{aligned}
$$

Ejemplo 9.44 $\int \sin 2x \sin 3x \sin 4x\, dx$

$$
\begin{aligned}
\sin 2x \sin 3x \sin 4x &= \left[\frac{1}{2}\left(\cos 3x - 2x\right) - \frac{1}{2}\cos\left(3x+2x\right)\right]\sin 4x = \\
&= \frac{1}{2}\cos x \sin 4x - \frac{1}{2}\cos 5x \sin 4x =
\end{aligned}
$$

$$
\begin{aligned}
&= \frac{1}{2}\frac{1}{2}\left[\sin\left(4x-x\right) + \sin\left(4x+x\right) - \left\{\sin\left(4x-5x\right) + \sin\left(4x+5x\right)\right\}\right] = \\
&= -\frac{1}{4}\sin 9x + \frac{1}{4}\sin 5x + \frac{1}{4}\sin 3x + \frac{1}{4}\sin x
\end{aligned}
$$

de donde

$$
\int \sin 2x \sin 3x \sin 4x\, dx = -\frac{1}{20}\cos 5x - \frac{1}{12}\cos 3x + \frac{1}{36}\cos 9x - \frac{1}{4}\cos x + c
$$

Ejemplo 9.45 $\int \cos^2 x \sin^4 x\, dx$

$$\cos^2 x \sin^4 x = (\cos x \sin x)^2 \sin^2 x = \left(\frac{1}{2}\sin 2x\right)^2 \frac{1-\cos 2x}{2} =$$

$$= \frac{1}{4}\frac{1-\cos 4x}{2}\frac{1-\cos 2x}{2} =$$

$$= \frac{1}{16}\left(1 - \cos 2x - \cos 4x + \cos 2x \cos 4x\right) =$$

$$= \frac{1}{16}\left(1 - \cos 2x - \cos 4x + \frac{1}{2}\left(\cos 2x + \cos 6x\right)\right) \Rightarrow$$

$$\int \cos^2 x \sin^4 x\,dx = \frac{1}{16}x - \frac{1}{64}\sin 2x - \frac{1}{64}\sin 4x + \frac{1}{192}\sin 6x + c$$

- **Método alemán.-** Las integrales de la forma $\int \dfrac{P_n(x)}{\sqrt{ax^2+bx+c}}dx$ donde P es un polinomio de grado n, se hacen por reducción.

$$\int \frac{P_n(x)}{\sqrt{ax^2+bx+c}}dx = Q_{n-1}(x)\sqrt{ax^2+bx+c} + \int \frac{k}{\sqrt{ax^2+bx+c}}dx$$

siendo Q un polinomio de grado, una unidad inferior a P y coeficientes indeterminados.

Ejemplo 9.46 $\int \dfrac{3x^2+1}{\sqrt{x^2+2x+4}}dx$

$$\int \frac{3x^2+1}{\sqrt{x^2+2x+4}}dx = (ax+b)\sqrt{x^2+2x+4} + k\int \frac{1}{\sqrt{x^2+2x+4}}dx$$

$$\frac{3x^2+1}{\sqrt{x^2+2x+4}} = a\sqrt{x^2+2x+4} + \frac{(ax+b)(2x+2)}{2\sqrt{x^2+2x+4}} + k\frac{1}{\sqrt{x^2+2x+4}} \Rightarrow$$

$$\Rightarrow 3x^2+1 = a\left(x^2+2x+4\right) + (ax+b)(x+1) + k =$$

$$= 2ax^2 + 3ax + 4a + bx + b + k \Rightarrow \left\{\begin{array}{c} 2a=3 \\ 3a+b=2 \\ 4a+b+k=4 \end{array}\right\} \Rightarrow$$

$$\Rightarrow \left\{k=\frac{1}{2}, b=-\frac{5}{2}, a=\frac{3}{2}\right\}$$

$$I = \left(\frac{3}{2}x+\frac{1}{2}\right)\sqrt{x^2+2x+4} + \frac{1}{2}\overbrace{\int \frac{1}{\sqrt{x^2+2x+4}}dx}^{I_1}$$

$$I_1 = \int \frac{dx}{\sqrt{x^2+2x+4}} = \int \frac{dx}{\sqrt{(x+1)^2+3}} = \int \frac{\frac{1}{\sqrt{3}}dx}{\sqrt{\left(\frac{x+1}{\sqrt{3}}\right)^2+1}} = \operatorname{arg\,sinh}\frac{x+1}{\sqrt{3}} + c$$

y sólo nos falta sustituir en I.

$$\bullet \int \frac{dx}{(x-1)\sqrt{x^2+2x+2}}$$

Las integrales de este tipo, se reducen al anterior mediante el cambio $x - 1 = \frac{1}{t}$

$$
\begin{aligned}
I &= \int \frac{dx}{(x-1)\sqrt{x^2+2x+2}} = \left\{ \begin{array}{c} x-1 = \frac{1}{t} \\ dx = -\frac{1}{t^2}dt \end{array} \right\} = \\
&= \int \frac{-\frac{1}{t^2}dt}{\frac{1}{t}\sqrt{\left(1+\frac{1}{t}\right)^2 + 2\left(1+\frac{1}{t}\right) + 2}} = \\
&= -\int \frac{dt}{t\sqrt{\left(1+\frac{1}{t}\right)^2 + 2\left(1+\frac{1}{t}\right) + 2}} = -\int \frac{dt}{\sqrt{(t+1)^2 + 2(t^2+t) + 2t^2}} = \\
&= -\int \frac{dt}{\sqrt{5t^2+4t+1}} = -\int \frac{dt}{\sqrt{\left(\sqrt{5}t\right)^2 + 2\sqrt{5}t\frac{2}{\sqrt{5}} + \frac{4}{5} + \frac{1}{5}}} = \\
&= -\int \frac{dt}{\sqrt{\left(\sqrt{5}t+\frac{2}{\sqrt{5}}\right)^2 + \frac{1}{5}}} = -\int \frac{\sqrt{5}dt}{\sqrt{\left(\frac{\sqrt{5}t+\frac{2}{\sqrt{5}}}{\sqrt{\frac{1}{5}}}\right)^2 + 1}} = \\
&= -\frac{\sqrt{5}}{5}\int \frac{5dt}{\sqrt{(5t+2)^2+1}} = -\frac{\sqrt{5}}{5}\arg\sinh(5t+2) + c
\end{aligned}
$$

9.8. Ejercicios

Calcular las siguientes integrales:

Ejercicio 9.1 $\int \sin^3 x \cos x\, dx = \frac{1}{4}\sin^4 x + c$

Ejercicio 9.2 $\int \frac{x\,dx}{(a^2+x^2)^n}$ con $n \in \mathbb{N}^*$

Si $n \neq 1$

$$
\begin{aligned}
\int \frac{x\,dx}{(a^2+x^2)^n} &= \frac{1}{2}\int \frac{2x\,dx}{(a^2+x^2)^n} = \frac{1}{2}\int 2x\left(a^2+x^2\right)^{-n}dx = \\
&= \frac{\left(a^2+x^2\right)^{-n+1}}{-n+1}
\end{aligned}
$$

Si $n = 1$

$$\int \frac{x\,dx}{(a^2+x^2)} = \frac{1}{2}\log\left(a^2+x^2\right) + c$$

Ejercicio 9.3 $\int x\sqrt{1+x^2}\,dx$

$$\int x\sqrt{1+x^2}dx = \frac{1}{2}\int 2x\left(1+x^2\right)^{\frac{1}{2}}dx = \frac{1}{2}\frac{\left((1+x^2)\right)^{\frac{3}{2}}}{\frac{3}{2}}+c =$$
$$= \frac{1}{3}\left(\sqrt{(1+x^2)}\right)^3+c$$

Ejercicio 9.4 $\int \dfrac{x^2}{x^3-a^3}dx$

$$\int \frac{x^2}{x^3-a^3}dx = \frac{1}{3}\int\frac{3x^2}{x^3-a^3}dx = \frac{1}{3}\ln\left|x^3-a^3\right|+c$$

Ejercicio 9.5 $\int \dfrac{\sin x}{\cos^2 x}dx$

$$\int\frac{\sin x}{\cos^2 x}dx = -\int -\sin x\cos^{-2}xdx = -\frac{\cos^{-2+1}x}{-1}+c=$$
$$= \frac{1}{\cos x}+c$$

Ejercicio 9.6 $\int x\left(a+bx^2\right)^3 dx \; con \; b \neq 0$

$$\int x\left(a+bx^2\right)^3 dx = \frac{1}{2}\int 2x\left(a+bx^2\right)^3 dx = \frac{1}{2}\frac{\left(a+bx^2\right)^4}{4}+c$$

Ejercicio 9.7 $\int x^2\sqrt{1+x^3}dx$

$$\frac{1}{3}\int 3x^2\sqrt{1+x^3}dx = \frac{2}{9}\left(\sqrt{(1+x^3)}\right)^3+c$$

Ejercicio 9.8 $\int \dfrac{\tan x}{\cos^2 x}dx$

$$\int\frac{\tan x}{\cos^2 x}dx = \frac{1}{2}\tan^2 x+c$$

Ejercicio 9.9 $\int \dfrac{(\ln x)^p}{x}dx$

Si $p \neq -1$

$$\int\frac{(\ln x)^p}{x}dx = \frac{\ln^{(p+1)}x}{p+1}+c$$

Si $p = -1$

$$\int\frac{1}{x\log x}dx = \log\left|\log x\right|+c$$

Ejercicio 9.10 $\int \dfrac{x}{\sqrt{x^4-1}}dx$

$$\frac{1}{2}\int \frac{2x}{\sqrt{(x^2)^2-1}}dx = \frac{1}{2}\ln\left(x^2+\sqrt{(x^4-1)}\right)+c$$

Ejercicio 9.11 $\int \dfrac{dx}{x(1+\ln x)^3}$

$$\int \frac{(1+\ln x)^{-3}dx}{x} = -\frac{1}{2(1+\ln x)^2}+c$$

Ejercicio 9.12 $\int \dfrac{3x-1}{3x^2-2x+5}$

$$\frac{1}{2}\int \frac{6x-2}{3x^2-2x+5} = \frac{1}{2}\ln\left|3x^2-2x+5\right|+c$$

Ejercicio 9.13 $\int \dfrac{dx}{x(ax^n+b)}$

Hacemos el cambio $\left\{x=\frac{1}{t}, dx=-\frac{1}{t^2}dt\right\}$

$$\int \frac{dx}{x(ax^n+b)} = \int \frac{-\frac{1}{t^2}dt}{\frac{1}{t}\left(a\frac{1}{t^n}+b\right)} = -\int \frac{t^{n-1}dt}{(a+bt^n)} =$$

$$= -\frac{1}{nb}\int \frac{bnt^{n-1}dt}{a+bt^n} = -\frac{1}{nb}\log\left|a+bt^n\right|+c$$

Ejercicio 9.14 $I=\int \dfrac{dx}{x\sqrt{2x-1}}$

Hacemos el cambio $x=t^{-1}\Rightarrow dx=-1t^{-2}dt$

$$\int \frac{dx}{x\sqrt{2x-1}} = \int \frac{-\frac{1}{t^2}}{\frac{1}{t}\sqrt{\frac{2}{t}-1}}dt = -\int \frac{dt}{t\sqrt{\frac{2}{t}-1}} =$$

$$= -\int \frac{dt}{\sqrt{t^2\left(\frac{2}{t}-1\right)}} = -\int \frac{dt}{\sqrt{2t-t^2}}$$

Completando cuadrados

$$t^2-2t = \left(t^2-2t+1\right)-1 = (t-1)^2-1$$

$$I=-\int \frac{dt}{\sqrt{1-(t-1)^2}} = -\arcsin(t-1)+c = -\arcsin\left(\frac{1}{x}-1\right)+c$$

Ejercicio 9.15 $\int \dfrac{\sin x + \cos x}{3 + \sin 2x}dx = I$

$$\int \frac{\sin x + \cos x}{3 + \sin 2x}dx = \int \frac{\sin x + \cos x}{3 + 2\sin x \cos x}$$

Hacemos el cambio $\tan \frac{x}{2} = t \Rightarrow \begin{cases} \sin x = \frac{2t}{t^2+1} \\ \cos x = \frac{1-t^2}{t^2+1} \\ dx = \frac{2dt}{1+t^2} \end{cases}$

$$\begin{aligned} I &= \int \frac{\sin x + \cos x}{3 + \sin 2x}dx = \int \frac{\frac{2t}{1+t^2} + \frac{1-t^2}{1+t^2}}{3 + 2\frac{2t}{1+t^2}\frac{1-t^2}{1+t^2}}\frac{2dt}{1+t^2} = \\ &= 2\int \frac{1 + 2t - t^2}{3\left(1+t^2\right)^2 + 4t\left(1-t^2\right)}dt = 2\int \frac{1 + 2t - t^2}{3 + 6t^2 + 3t^4 + 4t - 4t^3}dt \\ &= 2\int \frac{1 + 2t - t^2}{\left(3t^2 + 2t + 1\right)\left(t^2 - 2t + 3\right)}dt = 2I_1 \end{aligned}$$

para integrar I_1, lo descomponemos en fracciones simples.

$$\frac{1 + 2t - t^2}{\left(3t^2 + 2t + 1\right)\left(t^2 - 2t + 3\right)} = \frac{Mt + N}{3t^2 + 2t + 1} + \frac{Pt + Q}{t^2 - 2t + 3}$$

$$1 + 2t - t^2 = (Mt + N)\left(t^2 - 2t + 3\right) + (Pt + Q)\left(3t^2 + 2t + 1\right) =$$

$$\begin{aligned} &= Mt^3 - 2Mt^2 + 3Mt + Nt^2 - 2Nt + 3N + 3Pt^3 + 2Pt^2 + Pt + 3Qt^2 + 2Qt + Q = \\ &= (M + 3P)t^3 + (-2M + N + 2P + 3Q)t^2 + (3M - 2N + P + 2Q)t + (3N + Q) \end{aligned}$$

de donde:

$$\begin{cases} 1 = 3N + Q \\ 2 = 3M - 2N + P + 2Q \\ -1 = -2M + N + 2P + 3Q \\ 0 = M + 3P \end{cases}$$

cuya solución es : $\left\{ N = \frac{1}{4}, P = -\frac{1}{4}, M = \frac{3}{4}, Q = \frac{1}{4} \right\}$

$$\begin{aligned} I_1 &= \int \frac{\frac{3}{4}t + \frac{1}{4}}{3t^2 + 2t + 1}dt + \int \frac{-\frac{1}{4}t + \frac{1}{4}}{t^2 - 2t + 3}dt = \\ &= \frac{1}{4\cdot 2}\int \frac{2\left(3t + 1\right)}{3t^2 + 2t + 1}dt - \frac{1}{4\cdot 2}\int \frac{2t - 2 + 4}{t^2 - 2t + 3}dt = \\ &= \frac{1}{8}\log\left(3t^2 + 2t + 1\right) - \frac{1}{8}\log\left(t^2 - 2t + 3\right) - \frac{1}{4\cdot 2}\int \frac{4}{t^2 - 2t + 3}dt = \\ &= \frac{1}{8}\log\left(3t^2 + 2t + 1\right) - \frac{1}{8}\log\left(t^2 - 2t + 3\right) - \frac{1}{2}\int \frac{1}{\left(t - 1\right)^2 + 2}dt = \\ &= \frac{1}{8}\log\left(3t^2 + 2t + 1\right) - \frac{1}{8}\log\left(t^2 - 2t + 3\right) - \frac{1}{2\cdot 2}\int \frac{1}{\left(\frac{t-1}{\sqrt{2}}\right)^2 + 1}dt = \\ &= \frac{1}{8}\log\left(3t^2 + 2t + 1\right) - \frac{1}{8}\log\left(t^2 - 2t + 3\right) - \frac{\sqrt{2}}{2\cdot 2}\arctan\left(\frac{t - 1}{\sqrt{2}}\right) + c \end{aligned}$$

y sólo nos falta deshacer el cambio:

$$I = \frac{2}{8}\log\left(3\left(\tan\frac{x}{2}\right)^2 + 2\tan\frac{x}{2} + 1\right) - \frac{2}{8}\log\left(\left(\tan\frac{x}{2}\right)^2 - 2\tan\frac{x}{2} + 3\right) -$$

$$-\frac{\sqrt{2}}{2}\arctan\left(\frac{\left(\tan\frac{x}{2}\right) - 1}{\sqrt{2}}\right) + c$$

Ejercicio 9.16 $\int \dfrac{x^2 + 1}{x\sqrt{x^4 - 2x^2 + 1}}dx$

$$\int \frac{x^2 + 1}{x\sqrt{x^4 - 2x^2 + 1}}dx = \int \frac{x^2 + 1}{x\sqrt{\left(x^2 - 1\right)^2}}dx = \int \frac{x^2 + 1}{x\left|x^2 - 1\right|}dx$$

y tenemos que resolver las integrales

$$\int \frac{x^2 + 1}{x\left(x^2 - 1\right)}dx$$

$$-\int \frac{x^2 + 1}{x\left(x^2 - 1\right)}dx$$

resolvemos la primera, la segunda es igual salvo el signo.

$$\frac{x^2 + 1}{x\left(x^2 - 1\right)} = \frac{x^2 + 1}{x\left(x - 1\right)\left(x + 1\right)} = \frac{A}{x} + \frac{B}{x - 1} + \frac{C}{x + 1}$$

quitando denominadores:

$$x^2 + 1 = A\left(x - 1\right)\left(x + 1\right) + Bx\left(x + 1\right) + Cx\left(x - 1\right)$$

y dando a x los valores $0, 1, -1$ resulta:

$$\begin{aligned} 1 &= -A \\ 2 &= 2B \\ 2 &= 2C \end{aligned}$$

$$\begin{aligned} \int \frac{x^2 + 1}{x\left(x^2 - 1\right)}dx &= -\int \frac{dx}{x} + \int \frac{dx}{x - 1} + \int \frac{dx}{x + 1} = \\ &= -\log|x| + \log|x - 1| + \log|x + 1| + c = \log\left|\frac{x^2 - 1}{x}\right| + c \end{aligned}$$

Ejercicio 9.17 $\int \dfrac{dx}{\sin x \cos^2 x} = I$

La integral es impar en seno, el cambio es:

$$\cos x = t \rightarrow -\sin x\, dx = dt$$

$$\int \frac{\sin x}{\sin^2 x \cos^2 x} dx = -\int \frac{dt}{(1-t^2)t^2} = -\int \frac{dt}{(1-t)(1+t)t^2}$$

procediendo como en el ejercicio anterior, tenemos:

$$\int \frac{dt}{(t-1)(1+t)t^2} = \frac{1}{2}\ln(t-1) - \frac{1}{2}\ln(1+t) + \frac{1}{t} + c =$$

$$= \frac{1}{2}\log(\cos x - 1) - \frac{1}{2}\log(1 + \cos x) + \frac{1}{\cos x} + c$$

9.8.1. Ejercicios propuestos

Ejercicio 9.18 $\int \frac{\cos^3 x}{\sin^2 x} dx = -\frac{1}{\sin x}\cos^4 x - \sin x \cos^2 x - 2\sin x + c$

Ejercicio 9.19 $\int \frac{dx}{1 + \cos x} = \tan\frac{1}{2}x + c$

Ejercicio 9.20 $\int \sin^2 x \cos^2 x \, dx = -\frac{1}{4}\sin x \cos^3 x + \frac{1}{8}\sin x \cos x + \frac{1}{8}x + c$

Ejercicio 9.21 $\int \frac{dx}{4x^2 + 12x - 27} = -\frac{1}{24}\ln(2x+9) + \frac{1}{24}\ln(2x-3) + c$

Ejercicio 9.22 $\int \frac{dx}{9x^2 - 30x + 34} = \frac{1}{9}\arctan\left(x - \frac{5}{3}\right) + c$

Ejercicio 9.23 $\int \frac{\arcsin\sqrt{x}}{\sqrt{(1-x)x}} dx = \arcsin^2\sqrt{x} + c$

Ejercicio 9.24 $\int \frac{\sqrt{1-\ln x}}{x} dx = -\frac{2}{3}\left(\sqrt{(1-\ln x)}\right)^3 + c$

Ejercicio 9.25 $\int \frac{dx}{x\sqrt{4+25x^2}} = -\frac{1}{2}\text{arctanh}\frac{1}{2}\sqrt{(4+25x^2)} + c$

Ejercicio 9.26 $\int 2^x 5^x dx = \frac{1}{\ln 5 + \ln 2} 5^x 2^x + c$

Ejercicio 9.27 $\int \frac{1}{\cos^4 x} dx = \frac{1}{3\cos^3 x}\sin x + \frac{2}{3\cos x}\sin x + c$

Ejercicio 9.28 $\int \sin 2x \cos 3x \, dx = -\frac{1}{10}\cos 5x + \frac{1}{2}\cos x + c$

Ejercicio 9.29 $\int \cos ax \sin bx \, dx = -\frac{1}{2}\frac{\cos(a+b)x}{a+b} + \frac{1}{2}\frac{\cos(a-b)x}{a-b} + c$

Ejercicio 9.30 $\int \ln^2 x \, dx = \left(\ln^2 x\right)x - 2x\ln x + 2x + c$

Ejercicio 9.31 $\int e^{ax}\cos bx \, dx = \frac{a}{a^2+b^2}e^{ax}\cos bx + \frac{b}{a^2+b^2}e^{ax}\sin bx + c$

Ejercicio 9.32 $\int \sin 2x \sin 3x \sin 4x \, dx = -\frac{1}{20}\cos 5x - \frac{1}{12}\cos 3x + \frac{1}{36}\cos 9x - \frac{1}{4}\cos x + c$

Ejercicio 9.33 $\int \cosh 2x\, dx = \frac{1}{2}\sinh 2x + c$

Ejercicio 9.34 $\int \cosh^2 2x\, dx = \frac{1}{4}\cosh 2x \sinh 2x + \frac{1}{2}x + c$

Ejercicio 9.35 $\int \dfrac{dx}{8 - x^2 - 2x} = \frac{1}{6}\ln(x+4) - \frac{1}{6}\ln(x-2) + c$

Ejercicio 9.36 $\int \dfrac{dx}{\sqrt{3 - x^2 - 2x}} = \arcsin\left(\frac{1}{2} + \frac{1}{2}x\right) + c$

Ejercicio 9.37 $\int \dfrac{x\, dx}{\sqrt{x^2 + 2x + 2}} = \sqrt{(x^2 + 2x + 2)} - \operatorname{arcsinh}(1 + x) + c$

Ejercicio 9.38 $\int \dfrac{x + 3}{x^2 + 2x + 5}dx = \frac{1}{2}\ln(x^2 + 2x + 5) + \arctan\left(\frac{1}{2} + \frac{1}{2}x\right) + c$

Ejercicio 9.39 $\int xe^x \sin x\, dx = \left(-\frac{1}{2}x + \frac{1}{2}\right)e^x \cos x + \frac{1}{2}xe^x \sin x + c$

Ejercicio 9.40 $\int \arctan\frac{x}{2}dx = x\arctan\frac{1}{2}x - \ln\left(1 + \frac{1}{4}x^2\right) + c$

Ejercicio 9.41 $\int \frac{dx}{\cosh x} = 2\arctan(e^x) + c$

Ejercicio 9.42 $\int \dfrac{x^3 + 9x^2 + 23x + 17}{(x+1)(x+2)(x+3)}dx = x + \ln(1+x) + \ln(x+2) + \ln(x+3) + c$

Ejercicio 9.43 $\int \dfrac{x^2 + 3}{(x+1)(x-1)^2}dx = \ln(1+x) - \frac{2}{x-1} + c$

Ejercicio 9.44 $\int \dfrac{x^3 + 2x^2}{x^4 + 3x^3 + 4x^2 + 3x + 1}dx = -\frac{1}{1+x} + \frac{1}{2}\ln(x^2 + x + 1) -$
$-\sqrt{3}\arctan\frac{1}{3}(2x+1)\sqrt{3} + c$

Ejercicio 9.45 $\int \dfrac{dx}{1 + x^4} = \frac{1}{8}\sqrt{2}\ln\frac{x^2 + x\sqrt{2} + 1}{x^2 - x\sqrt{2} + 1} + \frac{1}{4}\sqrt{2}\arctan\left(x\sqrt{2} + 1\right) +$
$+\frac{1}{4}\sqrt{2}\arctan\left(x\sqrt{2} - 1\right) + c$

Bibliografía

[1] G. L. Bradley, *Cálculo de una variable*, Ed. Prentice–Hall.

[2] G. Thomas y R. Finney, *Cálculo de una variable*, Ed. Addison–Wesley.

[3] S. K. Stein, *Cálculo y geometría analítica*, Ed. McGraw–Hill.

Glosario

Abscisa: Coordenada horizontal (x) de un punto ubicado en el plano cartesiano.

Aleatorio (número): Relativo al azar, número del espacio muestral que tiene la misma probabilidad de ser escogido, también este número se utiliza para señalar a un elemento de la muestra.

Algoritmo: Es una lista bien definida, ordenada y finita de operaciones que permite hallar la solución a un problema.

Altura de un triángulo: Segmento desde un vértice del triángulo que es perpendicular a la recta que contiene al lado opuesto.

Amplitud: Se le conoce al intervalo en que oscila el rango de una función; alcance vertical que tiene la gráfica en el eje de *y*; la altura de la loma de las funciones seno y coseno.

Ángulo: Porción de plano comprendida entre dos semirectas con un origen común denominado vértice. Otra concepción de ángulo dice que esta es la figura formada por dos rayos con origen común.

Ángulo agudo: Ángulo que mide menos de 90º. Su medida está entre 0 y 90 grados, en forma algebraica, sea x la medida de un ángulo, este es agudo si $0°<x<90°$.

Ángulo central: Ángulo con el vértice en el centro de un círculo.

Ángulo cuadrantal: Ángulo en posición estándar que su lado terminal está en el eje coordenado: 90°, 180°, 270°, 360°.

Ángulo de referencia: Para un ángulo no cuadrantal en posición estándar es el ángulo agudo que su lado terminal forma con el eje de X.

Ángulo diedro: Cada una de las regiones determinadas por dos semiplanos que se cortan. Los semiplanos se llaman caras del ángulo diedro.

Ángulo inscrito: Ángulo formado por dos cuerdas con un extremo en común.

Ángulo llano: Ángulo que mide 180º.

Ángulo negativo- Ángulo en posición estándar que se mide desde su lado inicial en dirección a las manecillas del reloj hasta su lado terminal.

Ángulo obtuso: Mide más de 90º y menos de 180º. Su medida está entre 90 y 180 grados, en forma algebraica. Sea x la medida de un ángulo, este es agudo si 90°< x <180.

Ángulo poliedro: Figura determinada por tres o más semirectas de origen común, no coplanares, en la que el plano determinado por dos de ellas consecutivas deje a las restantes en un mismo semiespacio.

Ángulo recto: Mide 90º.

Ángulo semi-inscrito: Ángulo formado por una cuerda y una tangente trazada por un extremo de la cuerda.

Ángulo triedro: Figura determinada por la intersección de tres ángulos cuyas aristas concurren a un punto común llamado vértice.

Ángulos adyacentes: Son los que tienen un lado y un vértice en común.

Ángulos complementarios: Son dos ángulos agudos cuya suma es igual a 90º.

Ángulos congruentes: Dos ángulos son congruentes cuando tiene la misma medida.

Ángulos consecutivos: Ángulos que tienen un lado en común. También en algunos textos se refiere a los dos ángulos interiores al mismo lado de una transversal.

Ángulos coterminales: Ángulos en el sistema de coordenadas rectangulares con diferentes medidas, pero los mismos lados iniciales y terminales.

Ángulos en posición estándar: Ángulo en el sistema de coordenadas rectangulares con el vértice en el origen y el lado inicial coincide con el eje de X.

Ángulos opuestos por el vértice: Dos ángulos se dicen opuestos por el vértice cuando los lados de uno son semirectas opuestas a los lados del otro.

Ángulo positivo: Ángulo en posición estándar que se mide desde su lado inicial en dirección contraria a las manecillas del reloj hasta su lado terminal.

Ángulos suplementarios: Se refiere a dos ángulos cuya suma es igual a 180º, independientemente que sean o no consecutivos.

Año: periodo de $365\frac{1}{4}$ días, exactamente, 365 días, 6 horas, 9 minutos con 9.76 segundos, en la antigüedad se pensaba en que solo tenía 360 días, de este número surgen los grados del círculo.

Aproximación: Grado de exactitud con que se trabaja un valor, una medida, un resultado.

Aproximado: (≈) se refiere a un dato que, sin ser exacto, se acerca satisfactoriamente al valor real.

Apotema: Es el segmento perpendicular a un lado trazado desde el centro de un polígono.

Arco: Un segmento de circunferencia; un arco de circunferencia queda definido por tres puntos, dos puntos extremos y el radio o por la longitud de una cuerda y el radio.

Arco circular: Arco del círculo que subtiende a un ángulo central.

Área: Medida de la superficie que cubre un cuerpo o figura geométrica. Sus unidades se miden en unidades cuadradas, también denominadas de superficie, como centímetros cuadrados (cm2), metros cuadrados (m2), hectáreas (ha), etc.

Arista: Línea que resulta de la intersección o encuentro de dos superficies.

Asíntota: Una línea recta o curva a la que se aproxima una curva como gráfica de determinada función sin llegar jamás a tocarla por más que se acerque.

Axioma: Proposición aceptada sin necesidad de demostración dada su evidencia.

Axiomas de Peano: Axiomas de la aritmética con los que se definen los números naturales.

Azar: Se refiere a aquello que se da por casualidad, sin que se pueda controlar o predecir con certeza o exactitud.
Binomio: Expresión algebraica de dos términos. Ejemplo: 5a - 2b.

Bisectriz: Es el lugar geométrico de los puntos equidistante de los lados de un ángulo. También se le asigna este nombre a la recta que divide al ángulo por su mitad y a la recta que interseca a un segmento en su punto medio.

Billón: Mil millones.

Cardinales: Números que expresan cuántos hay de algo, como uno, dos, tres, cuatro, cinco.

Catetos: Lados que forman el ángulo recto de un triángulo rectángulo.

Censo: Recuento de población. Una encuesta a una población, en este caso el tamaño de la muestra es N (mayúscula).

Centil: Percentil, posición con respeto a un total de tamaño 100.

Cero de una función: Todo punto para el cual f(x) = 0.

Cilindro: Cuerpo geométrico que se obtiene por la rotación de un rectángulo en torno a uno de sus lados.

Círculo: Región interior de una circunferencia e incluye a esta.

Círculo unitario: Círculo de radio r igual a 1 y su centro en el origen del sistema de coordenadas.

Circunferencia: 1. Lugar geométrico de todos los puntos que están en un mismo plano y equidistante de un punto llamado centro. 2. Línea curva, plana, cerrada cuyos puntos equidistan de otro punto dado, llamado centro.

Coeficiente (de una variable): Un número multiplicado por el producto de variables o potencias de variables en un término; los coeficientes de x en la expresión $\alpha x^2 + bx + c$ son α, b y c.

Coeficientes binomiales: Coeficientes de los monomios que aparecen al desarrollar las potencias del binomio.

Combinación: Una colección de símbolos u objetos en la que el orden no es importante; el número de combinaciones de *n* símbolos u objetos diferentes elegidos *r* a la vez, simbolizados por C(n, r) o $_nC_r$, puede obtenerse mediante la siguiente fórmula:

$$C(n,r) = \frac{P(n,r)}{P(r,r)} = \frac{P(n,r)}{r!} = \frac{1}{r!} \bullet \frac{n!}{(n-r)!} = \frac{n!}{r!(n-r)!)}$$

Combinatoria: Parte de la matemática que analiza las diferentes formas de agrupar elementos y calcular el número de posibilidades.

Combinación lineal: Un vector en el plano es combinación lineal de dos vectores dados si es la suma de dos vectores ponderados de los vectores dados.

Complejos iguales: Dos números complejos son iguales si y solo si sus partes reales son iguales y sus partes imaginarias también.

Composición de funciones: Dadas dos funciones reales de variable real, *f* y *g*, se llama composición de las funciones f y g, y se escribe g o f, a la función definida de *R* en *R*, por (*g* o *f*)(x) = g[*f*(x)]. La función (*g* o *f*)(x) se lee « *f* compuesto con *g* aplicado a *x* ».

$$\mathbf{R} \xrightarrow{f} \mathbf{R} \xrightarrow{g} \mathbf{R}$$
$$x \longrightarrow f(x) \longrightarrow g[f(x)]$$

Primero actúa la función *f* y después actúa la función *g*, sobre *f(x)*.

Conjetura: Un enunciado, opinión o conclusión basada en observaciones.

Conjugado de número complejo: Se llama *conjugado de un número complejo* al número complejo que se obtiene por simetría del dado respecto del eje de abscisas. Representando el número complejo *a + bi* y haciendo la correspondiente simetría, se tiene que su conjugado es *a − bi*.

Conjunción: Combina dos proposiciones matemáticas con la palabra y se puede representar como la intersección de dos conjuntos.

Conjunto finito: Conjunto que tiene un número limitado de elementos.

Conjunto infinito: Conjunto de un número ilimitado de elementos.

Congruencia (de figuras): Dos figuras son congruentes si tienen la misma forma y tamaño. De igual medida.

Conmutativa: Una operación binaria es **conmutativa** cuando el resultado de la operación es el mismo, cualquiera que sea el orden de los dos elementos con los que se opera.

Cono: Cuerpo sólido engendrado por la rotación de un triángulo rectángulo alrededor de uno de sus catetos. El otro cateto forma la base circular del cono, mientras que la hipotenusa (generatriz) forma la superficie cónica. El volumen V del cono de radio r y altura h es 1/3 del volumen del cilindro con las mismas dimensiones: $V = \dfrac{\pi r^2 h}{3}$.

Cono recto: Cono, cuyo eje es perpendicular a la base.

Cono oblicuo: Cono, cuyo eje no es perpendicular a la base.

Cono truncado: Porción de cono comprendida entre la base y un plano paralelo a la misma.

Constante: Cantidad cuyo valor se mantiene inalterable.

Constante de proporcionalidad: Si las variables *x* y *y* están relacionadas por *y = kx*, se dice que *k* es la constante de proporcionalidad entre ellas.

Convergencia: Es una propiedad de ciertas sucesiones. La convergencia en probabilidad es la aparición de patrones en los resultados de una variable aleatoria según aumenta la muestra.

Coplanarios: Puntos situados en un mismo plano.

Corolario: Es una consecuencia inmediata de un teorema.

Corona circular: Figura plana comprendida entre dos circunferencias concéntricas.

Correlación: La relación entre dos conjuntos de datos. Dos conjuntos de datos pueden tener correlación positiva si aumenta o disminuyen juntos y correlación negativa si uno de los conjuntos aumenta como el otro conjunto disminuye o no tener.

Correspondencia de uno a uno: Función entre dos conjuntos que empareja cada elemento del dominio con exactamente un elemento del margen y cada elemento del margen con exactamente un elemento de dominio.

Cosecante: Función trigonométrica que corresponde a la razón entre la hipotenusa y el cateto opuesto. Es el recíproco de la función seno.

Coseno: Función trigonométrica que corresponde a la razón entre el cateto adyacente al ángulo y la hipotenusa.

Crecimiento exponencial: Cambia en una cantidad o población que se puede describir mediante una ecuación con la forma $y = \alpha \cdot b^x$, donde α representa el tamaño de la población inicial, b es la suma de dos porcentajes -100 (representa la población inicial) y r (representando la tasa de crecimiento) - y x representa un período de tiempo.

Cuadrado: Paralelogramo de cuatro lados iguales y cuatro ángulos congruentes (rectos). Es un rombo rectángulo. También es cuando un número tiene una potencia de dos.

Cuadrado de un binomio: Es igual al cuadrado del primer término más o menos el doble producto del primer término por el segundo, más el cuadrado del segundo término.
$$(a+b)^2 = a^2 + 2ab + b^2 \qquad ó \qquad (a-b)^2 = a^2 - 2ab + b^2$$

Cuadrado de un residual: El cuadrado de la distancia desde un punto de datos y el modelo en general, cuanta más pequeña es la suma de los cuadrados de los residuales, más se aproxima a los datos de un modelo.

Cuadrilátero: Polígono de cuatro lados.

Cuartil: Intervalos que se obtienen al dividir en cuartos el conjunto de datos, ordenados de menor a mayor o viceversa.

Cuerda: Segmento que une dos puntos cualesquiera de la circunferencia.

Deca: Prefijo griego que significa 10.

Década: Período de diez años.

Decaedro: Poliedro de diez caras.

Decágono: Polígono de diez lados.

Decágono regular: Polígono convexo de diez lados y ángulos congruentes.

Decagramo: Medida de masa equivalente a diez gramos.

Decalitro: Medida de capacidad equivalente a diez litros.

Decámetro: Medida de longitud equivalente a diez metros.

Decena: Conjunto formado por diez unidades.

Deci: Prefijo que significa décima parte.

Decigramo: Medida de masa equivalente a la décima parte del gramo.

Decilitro: Medida de capacidad equivalente a la décima parte del litro.

Décima: Cada una de las diez partes iguales en que se divide una unidad o un todo.

Decímetro: medida de longitud equivalente a la décima parte del metro.

Deducción: Conclusión basada en un conjunto de proposiciones verdaderas.

Delta (Δ): Cuarta letra del alfabeto griego, en el caso de delta mayúscula tiene la forma de un triángulo.

Demostración: Proceso por el cual, mediante una serie de razonamientos lógicos, se llega a establecer la verdad de una proposición o teorema a partir de cierta hipótesis.

Denominador: Parte de una fracción que indica en cuántas partes está dividido un todo o la unidad.

Descomposición prima: Descomponer un número en sus factores primos.

Desfase (o *desfasaje*)**:** Entre dos ondas es la diferencia entre sus dos fases (ondas). Cambio horizontal. Esta diferencia de fases se mide en un mismo instante para las dos ondas, pero no siempre en un mismo lugar del espacio. El desfase de una función es que tanto está corrido el inicio de la gráfica de la función tomando como referencia a algún punto del eje de coordenadas en el plano cartesiano, habitualmente se toma como punto de referencia el punto de origen del sistema de coordenadas es decir el punto (0,0).

Desigualdad: Relación matemática que indica que dos expresiones no son iguales.

Desplazamiento: Cambio en la posición de un objeto; tiene tanto magnitud como dirección.

Desplazamiento de fase: La diferencia en fase entre dos formas de onda. El desplazamiento de fase puede ser considerado positivo o negativo; eso quiere decir que una forma de onda puede ser retrasada relativa a otra o una forma de onda puede ser avanzada relativa a otra. Esos fenómenos se llaman atraso de fase y avance de fase respectivamente

Desviación: En Estadística, diferencia de cada valor con el promedio.

Desviación absoluta media: Medida del margen de variación que describe la distancia promedio desde la media para los números en el conjunto de datos.

Desviación estándar: Una medida del margen de variación que se representa a menudo por la letra griega σ (sigma) y que se determina mediante la siguiente fórmula, donde u representa la media y n es el número de elementos en el conjunto.
En resumen, es como un promedio de cuánto se desvían los datos de la media.

$$\sigma = \sqrt{\frac{(x_1 - \mu)^2 + (x_2 - \mu)^2 + \ldots + (x_n - \mu)^2}{N}} = \sqrt{\frac{\sum (x - \mu)^2}{N}}$$

Desviación estándar de una muestra: En tamaño es n.

$$s = \sqrt{\frac{\sum (x - \overline{x})^2}{n - 1}}$$

Determinante (de una matriz **M** 2 x 2): La diferencia de las dos diagonales de la matriz; representada por det **M** o $|\mathbf{M}|$; para una matriz **M** en la forma que se indica a continuación, det **M** = ad - bc.

$$M = \begin{bmatrix} a & b \\ c & d \end{bmatrix}$$

Diagonal: Segmento rectilíneo que une dos vértices no consecutivos de una figura geométrica. También en una matriz existen diagonales, diagonal principal y diagonal secundaria.

Diagrama de árbol: Un modelo matemático que muestra todos los resultados posibles para una serie de eventos o decisiones; cada segmento de línea en un diagrama de árbol es una rama.

Diagrama de caja y línea: Un método para mostrar la mediana, cuartiles y extremos de un conjunto de datos. En el siguiente ejemplo el valor mínimo es 0 el valor del primer cuartel (Q1) es 2, el valor de la mediana es 3, el valor del tercer cuartel (Q3) es 5 y el valor máximo de estos datos es 6.

Diagrama de dispersión: Una gráfica que muestra la relación entre dos conjuntos de datos. Una línea que pasa cerca de la mayoría de los puntos de datos es llamada línea ajustada.

Diagrama de tallo y hojas: Muestra los valores en un conjunto de datos dispuestos como un tallo y unas hojas; para simplificar la interpretación, los datos se suelen ordenar y se incluye una leyenda.

Diámetro: Cuerda que pasa por el centro y divide a la circunferencia en dos semicircunferencias. Equivale al doble del radio y es la máxima cuerda que se puede trazar en una circunferencia.

Dilatación: Una transformación que empareja un punto **P**, el centro, con sí mismo y cualquier otro punto **X** con un punto **X** en el rayo **PX**, de modo que **PX /PX = r,** donde *r* es el factor de escala; una dilatación con centro **C** y factor de escala *r* se representa como **D**$_{C,r}$.

Distancia (entre dos puntos en dos dimensiones): Se puede calcular mediante la fórmula

$$d = \sqrt{(x_2 - x_1)^2 + (y_2 - y_1)^2} \; .$$

Distancia (entre dos puntos en tres dimensiones): Se puede calcular mediante la fórmula

$$d = \sqrt{(x_2 - x_1)^2 + (y_2 - y_1)^2 + (z_2 - z_1)^2} \; .$$

Duplo: Prefijo griego que significa doble.

Disco: Es la unión de la circunferencia con el círculo.

Discriminante: La expresión b^2 - 4ac se la denomina discriminante. Si a, b y c son números reales y el discriminante es mayor que cero, las soluciones o raíces de la ecuación serán reales y distintas; si el discriminante es igual a cero, las raíces serán reales e iguales y si el discriminante es menor que cero, la ecuación no tendrá soluciones reales pero sí en el campo complejo, donde habrá dos raíces conjugadas.

Disjuntos: Conjuntos cuya intersección es vacía.

Dispersión: Medida cuantitativa de la dispersión de una distribución de datos.

Divergencia: Es serie infinita que no es convergente.

Dividendo: Número que se divide por otro.

Docena: Conjunto formado por 12 unidades.

Dodecaedro: Poliedro de 12 caras.

Dodecágono: Polígono de 12 lados.

Dominio: Es el conjunto formado por los primeros elementos de los pares ordenados en una relación o función.

e: Número irracional trascendental que puede obtenerse como límite de la sucesión cuando n tiende a infinito.:

Ecuación: Toda igualdad válida solo para algunos valores de la(s) variable(s). Ejemplos: $6x = 18$; $x - y = 7$.

Ecuación cuadrática: Ecuación de segundo grado o cuadrática se expresa mediante la relación $ax^2 + bx + c = 0$, donde a es distinto de 0.

Ecuación cúbica: Ecuaciones de tercer grado o cúbicas son del tipo $ax^3 + bx^2 + cx + d = 0$, donde a es distinto de 0.

Ecuación cuártica: Las ecuaciones de cuarto grado o cuárticas, $ax^4 + bx^3 + cx^2 + dx + e = 0$, para a distinto de 0.

Ecuación diferencial: Ecuación que contiene derivadas.

Ecuación exponencial: Ecuación en la cual la incógnita aparece en algún exponente.

Ecuación lineal:
> En una variable (x) es una ecuación de la forma $ax+b=c$, en la cual a,b,y c son números reales y a es diferente de cero.
> Ejemplos: $2x +3 =7$ o $5x - 4 = 8x +3$
>
> En dos variables (x e y) es una ecuación de la forma $ax +by = c$, en la cual a,b y c son números reales y a o b no son ambos cero.
> Ejemplos: $2x +5y = 15$ o $y = -7x +3$

Ecuación literal: Ecuación cuyas cantidades conocidas están representadas por letras.

Ecuación logarítmica: Ecuación en la cual aparecen expresiones logarítmicas.

Ecuación trigonométrica: Aquella cuyas incógnitas son el asunto principal de las funciones trigonométricas.

Ecuaciones trigonométricas: Una ecuación trigonométrica es una ecuación en la que aparece una o más razones trigonométricas.

Ecuaciones equivalentes: Ecuaciones que tienen las mismas soluciones.

Equilátero: Polígono que tiene sus tres lados congruentes. Ejemplos: triángulo equilátero, pentágono equilátero.

Elemento: Cada uno de los objetos pertenecientes a un conjunto.

Elipse: Lugar geométrico de todos los puntos del plano cuya suma de distancias a dos puntos dados es constante. Los puntos dados se denominan focos de la elipse.

Endomorfismo: Homomorfismo de una estructura en sí misma.

Eneágono: Polígono de nueve lados.

Eneágono regular: Polígono de nueve lados iguales.

Épsilon (ε): Quinta letra del alfabeto griego.

Equidistante: Que está a la misma distancia.

Equivalente: Que tiene igual valor.

Error absoluto: Diferencia entre el valor exacto y el valor encontrado en una medida.

Error relativo: Cociente entre el error absoluto y la medida exacta.

Escalar: Magnitud que queda completamente determinada por un número real.

Escaleno (triángulo): Triángulo que tiene sus tres lados desiguales.

Escaleno (trapecio): Trapecio con un par de lados paralelos.

Esfera: Cuerpo limitado por una superficie cuyos puntos equidistan de otro interior llamado centro.

Espacio muestral: El conjunto de los posibles resultados de un experimento, su tamaño es n (minúscula).

Euclídeo: Que hace referencia a Euclides o se basa en sus principios matemáticos.

Evento: Un subconjunto del espacio de muestra.

Eventos incompatibles: Se refiere a dos sucesos que no pueden ocurrir al mismo tiempo, es decir, de intersección vacía.

Eventos complementarios: Dos eventos tales que solo uno es el posible. Por ejemplo, el evento "E ocurre" es el complemento del evento "E que no ocurre."

Eventos dependientes: Eventos que no son independientes. El resultado de uno depende del resultado del otro.

Eventos independientes: Eventos para los cuales la probabilidad de ocurrencia de cualquier evento individual no se ve afectada por la ocurrencia o no ocurrencia de cualquiera de los demás eventos; para dos eventos independientes A y B,
$$P(A \text{ y } B) = P(A) \cdot P(B);$$
esta definición puede extenderse a cualquier número de eventos independientes.

Eventos mutuamente excluyentes: Dos eventos que no pueden ocurrir al mismo tiempo en una sola prueba; para dos eventos mutuamente excluyentes A y B,
$P(A \text{ y } B) = 0$.

Excéntricas: Figuras cuyos centros no coinciden.

Exponente: Número que indica la potencia a la que hay que elevar una cantidad.

Expresión algebraica: Es un conjunto de cantidades numéricas y literales relacionadas entre sí por los signos de las operaciones aritméticas como sumas, diferencias, multiplicaciones, divisiones, potencias y extracción de raíces.

Expresión racional: Es una expresión de la forma

$$\frac{p(x)}{q(x)}$$

donde $p(x)$ y $q(x)$ son polinomios y $q(x) \neq 0$. Al igual que en las fracciones numéricas, al polinomio $p(x)$ se le llama el numerador y al polinomio $q(x)$ se le llama el denominador.

Extremos relativos: Máximo y mínimo relativo de una función real.

F: Letra usada para designar una función.

Factor: Cada uno de los términos de una multiplicación.

Factorial: Producto obtenido al multiplicar un número positivo dado, por todos los enteros positivos inferiores a ese número hasta llegar a 1. Se simboliza por **n !**. *Se define 0! =1.*

Factorización: Es una técnica que consiste en la descripción de una expresión matemática (que puede ser un número, una suma, una matriz, un polinomio, etc.) en forma de producto. Existen diferentes métodos de factorización, dependiendo de los objetos matemáticos estudiados; el objetivo es *simplificar* una expresión o reescribirla en términos de «bloques fundamentales», que recibe el nombre de **factores**, como por ejemplo un número en números primos o un polinomio en polinomios irreducibles.

Fase - es una medida de la diferencia de tiempo entre dos ondas senoidales. Aunque la fase es una diferencia verdadera de tiempo, siempre se mide en términos de ángulo, en grados o radianes. Eso es una normalización del tiempo que requiere un ciclo de la onda sin considerar su verdadero **periodo** de tiempo.

Finito: Que tiene fin, término o límite.

Fórmula: Es una ecuación que relaciona una variable con otras variable y/o cantidades.
Ejemplo: Fórmulas
a. distancia: d = vt
b. Interés simple: I = Prt
c. Área de triángulo: A = bh/2 = (1/2)bh

Fórmulas de ángulo doble:

$$\sin(2u) = 2\sin u \cos u$$

$$\cos(2u) = \cos^2 u - \sin^2 u$$
$$\cos(2u) = 2\cos^2 u - 1$$
$$\cos(2u) = 1 - 2\sin^2 u$$

$$\tan(2u) = \frac{2\tan u}{1 - \tan^2 u}$$

Fórmulas de ángulo medio:

$$\sin \frac{\theta}{2} = \pm \sqrt{\frac{1-\cos\theta}{2}} \qquad \tan \frac{\theta}{2} = \pm \sqrt{\frac{1-\cos\theta}{1+\cos\theta}}$$

$$\cos \frac{\theta}{2} = \pm \sqrt{\frac{1+\cos\theta}{2}} \qquad \tan \frac{\theta}{2} = \frac{1-\cos\theta}{\sin\theta}$$

$$\tan \frac{\theta}{2} = \frac{\sin\theta}{1+\cos\theta}$$

Fórmula de punto medio: Si $A(x_1,y_1)$ y $B(x_2,y_2)$ son dos puntos en el plano cartesiano. Entonces el punto medio del segmento AB se define por:

$$M\left(\frac{x_1 + x_2}{2}, \frac{y_1 + y_2}{2} \right).$$

Fracción decimal: Fracción que tiene por denominador una potencia positiva de 10.

Fracción impropia: Fracción mayor que uno; fracción cuyo numerador es mayor que el denominador.

Fracción irreductible: Fracción que no se puede simplificar más; el numerador y el denominador son relativamente primos.

Fracción propia: Aquella cuyo numerador es menor que el denominador; fracción menor que uno.

Fracciones equivalentes: Aquellas que tienen el mismo valor.

Frecuencia: Es una medida para indicar el número de repeticiones de cualquier fenómeno o suceso periódico en una unidad de tiempo.

Función: Una relación entre dos variables en la cual el valor de la variable dependiente depende del valor de la variable control. Solo puede haber un valor de la variable dependiente para cada valor de la variable control.

Función continua: Una función $f(x)$ es continua en $x = x_0$ si y solo si:

1) Existe lim $f(x) = L$ cuando x tiende a x_0.
2) Existe $f(x_0)$ tal que $f(x_0) = L$.

Función exponencial: Una **función exponencial** con base b es una función de la **forma f(x) = b^x**, donde b y x son números reales tal que b > 0 y b es diferente de uno. El **dominio** es el conjunto de todos los números reales y el **recorrido** es el conjunto de todos los números reales positivos.

Función impar: Cuando tomando cualquier x en el dominio de f se tiene que f(-x) = -f(x). Su gráfica es simétrica al eje de Y.

Función inversa: Una función puede tener inversa, es decir, otra función que al componerla con ella resulte en la identidad.

Función invertible: Una función puede que no tenga inversa, pero puede ser invertible. Si NO es una función biunívoca entonces se le puede restringir su dominio y así hallar su inversa.

Función lineal: Se define una función lineal con dos variables como una expresión de la forma f(x, y) = ax + by + c. Su representación gráfica es una recta en el espacio.

Función par: Cuando tomando cualquier x en el dominio de f se tiene que f(-x) = f(x). Su gráfica es simétrica al origen.

Función periódica: Si los valores de la función se repiten conforme se añade a la variable independiente un determinado período F(x)=F(x+ P), P es el período.

Función trigonométrica: Se pueden definir por las relaciones entre los lados de un triángulo rectángulo; si llamamos a uno de esos ángulos agudos α y a su lado opuesto, b al lado adyacente y h es la hipotenusa.

Sen α = a/h   Csc α = h/a
Cos α = b/h   Sec α = h/b
Tan α = a/b   Cot α = b/a

Funciones circulares: Denominamos funciones trigonométricas circulares a aquellas funciones trigonométricas referenciadas en la circunferencia. Sea α un ángulo cualquiera en el círculo:

Sen α = y   Csc α = 1/y, si y ≠ 0
Cos α = x   Sec α = 1/x, si x ≠ 0
Tan α = y/x, x≠ 0   Cot α = x/y, si y ≠ 0

Funciones trigonométricas: También llamada circular, es aquella que se define por la aplicación de una **razón trigonométrica** a los distintos valores de la variable independiente, que ha de estar expresada en **radianes**. Existen seis clases de funciones trigonométricas: seno, cosecante, coseno, secante; tangente y la cotangente.

Sen α = a/h   Csc α = h/a, si y ≠ 0
Cos α = b/h   Sec α = h/b, si x ≠ 0
Tan α = a/b, x≠ 0   Cot α = b/a, si y ≠ 0

a es el lado opuesto a α, b es el lado adyacente a α y α es un ángulo agudo del triángulo.

Funciones trigonométricas inversas: Las más comúnmente usadas son:

- Arcoseno es la función inversa del seno de un ángulo. El significado geométrico es: el arco cuyo seno es dicho valor: $y = \sin^{-1}x$ ó $y = \arcsin x$.
- Arcocoseno es la función inversa del coseno de un ángulo. El significado geométrico es: el arco cuyo coseno es dicho valor: $y = \cos^{-1}x$ ó $y = \arccos x$.
- Arcotangente es la función inversa de la tangente de un ángulo. El significado geométrico es: el arco cuya tangente es dicho valor: $y = \tan^{-1}x$ ó $y = \arctan x$.

Gamma (γ): Tercera letra del alfabeto griego.

Geometría: Rama de las matemáticas que estudia las propiedades de las figuras y las relaciones entre los puntos, líneas, ángulos, superficies y cuerpos.

Geometría plana: Trata de las figuras que son conjunto de puntos que están situados en un plano. Ejemplo: punto, rectas, segmentos, rayos, polígonos, círculo, etc.

Geometría del espacio: Trata de las figuras cuyos elementos no están todos en el mismo plano.

Grado de un término algebraico: Es la suma de los exponentes de la parte literal de un término algebraico.

Hecta: Prefijo que significa cien (100).

Hectárea: Medida de superficie que equivale a 10,000 metros cuadrados.

Hectógramo: Medida de masa equivalente a 100 gramos.

Hectólitro: Medida de capacidad equivalente a 100 litros.

Hectómetro: Medida de longitud equivalente a 100 metros.

Hemisferio: Cada una de las dos partes de una esfera, limitadas por un círculo máximo.

Heptaedro: Poliedro de siete caras.

Heptágono: Polígono de siete lados.

Heptágono regular: Polígono de siete lados iguales.

Hexa: Prefijo que significa seis.

Hexágono: Polígono de seis lados.

Hexágono regular: Polígono convexo de seis lados congruentes. Sus ángulos interiores son congruentes y miden 120° cada uno.

Hexagrama: Figura plana compuesta de dos triángulos equiláteros que se cortan entre sí, de modo que cada lado de uno es paralelo a un lado del otro y forman un hexágono.

Hipérbola: Lugar geométrico de los puntos del plano cuya diferencia de distancia a dos puntos fijos, llamados focos, es constante.

Hipotenusa: El mayor de los lados de un triángulo rectángulo y que es opuesto al ángulo recto.

Hipótesis: Enunciado o proposición que se toma como base de un razonamiento matemático.

Homogéneo: Compuesto o formado por elementos de igual naturaleza.

i: Símbolo de la unidad imaginaria, $i = \sqrt{-1}$.

Icosaedro: Poliedro de veinte caras.

Icosaedro regular: Poliedro de veinte caras iguales que son triángulos equiláteros.

Identidad: Igualdad que se cumple para cualquier valor de la(s) variable(s) que contiene. Ejemplo, x + y = y + x.

Identidad trigonométrica fundamental: sen $^2\Theta$ +cos^2 Θ = 1, efectuando sencillas operaciones permite encontrar unas 24 identidades más.

Identidades recíprocas- Se definen la **cosecante**, la **secante** y la **cotangente**, como las razones recíprocas al **seno**, **coseno** y **tangente**, del siguiente modo: csc x = 1/cos x ; sec x = 1/cos x; cot x = 1/tan x.

Identidades Trigonométricas: Es una igualdad entre expresiones que contienen funciones trigonométricas y es válida para todos los valores del ángulo en los que están definidas las funciones (y las operaciones aritméticas involucradas).

Identidades trigonométricas pitagóricas-

$$sen^2\theta + \cos^2\theta = 1$$

$$\tan^2\theta + 1 = \sec^2\theta$$

$$1 + \cot^2\theta = \csc^2\theta$$

Incentro: Punto en que se cortan las bisectrices interiores de un triángulo. Este punto es el centro de la circunferencia inscrita al triángulo.

Incógnita: Cantidad desconocida.

Incompatible (Sistema): Sistema de ecuaciones que no tiene ninguna solución común.

Infinitesimal: Cantidad infinitamente pequeña de límite cero.

Inscrito (Ángulo): Ángulo cuyo vértice está sobre una circunferencia y vale la mitad del arco que subtiende.

Interpolación: Método para encontrar valores de una sucesión entre otros dos conocidos.

Intersección: Elementos comunes a dos o más conjuntos.

Intervalo o clase: En Estadística, agrupación de datos o sucesos.

Isomorfismo: Correspondencia biunívoca entre dos conjuntos que conservan las operaciones. Toda aplicación biyectiva que cumpla que f(a*b) = f(a) * f(b) es un isomorfismo.

Isósceles (Triángulo): Triángulo que tiene dos de sus lados congruentes.

Isósceles (Trapecio): Trapecio que tiene sus lados no paralelos congruentes.

Kilo: Prefijo que significa mil.

Kilogramo: Unidad de masa que equivale a mil gramos.

Kilolitro: Medida de capacidad equivalente a mil litros.

Kilómetro: Medida de longitud que equivale a mil metros.

Kilómetro cuadrado: Unidad de superficie equivalente a la de un cuadrado de lado 1 kilómetro.

Largo: Longitud de una cosa.

Lateral: Relativo a los bordes de los polígonos o a las caras de los poliedros.

Línea media: De una función periódica es la línea en el eje y a medio camino del valor máximo y el valor mínimo del eje de y de la función.

Logaritmo: El logaritmo de un número, respecto de otro llamado base, es el exponente a que hay que elevar la base para obtener dicho número.

Lugar geométrico: Conjunto de puntos que cumple con una determinada condición.

Macro: Prefijo que significa grande.

Matriz: Una organización de números en filas y columnas. El número de filas por el número de columnas resulta en la dimensión de la matriz.

Matriz de coeficientes: La matriz que representa los coeficientes de las variables cuando un sistema de ecuaciones lineales se escribe como una ecuación de matriz; en la siguiente ecuación, M es la matriz de coeficientes.

$$M \bullet X = C$$
$$\begin{bmatrix} a & b \\ c & d \end{bmatrix} \bullet \begin{bmatrix} x \\ y \end{bmatrix} = \begin{bmatrix} e \\ f \end{bmatrix}$$

Matriz de constantes: La matriz que representa las constantes cuando un sistema de ecuaciones lineales se escribe como una ecuación de matriz; en la siguiente ecuación, C es la matriz de constantes.

Matriz identidad: Matriz que, cuando se multiplica a la izquierda o a la derecha por otra, produce la misma matriz o transformación de identidad.
Por ejemplo, la matriz de identidad de 3 x 3 es:

$$I = \begin{bmatrix} 1 & 0 & 0 \\ 0 & 1 & 0 \\ 0 & 0 & 1 \end{bmatrix}$$

Algo parecido ocurre con el 1 en una multiplicación. Ejemplo: 3X1=3 1X3=3, el número 1 es el elemento identidad, en algunos textos dice "elemento neutro".

Máximo común divisor: El mayor número entero que es divisor de un conjunto de números enteros.

Media aritmética: Cociente entre la suma de los términos de una sucesión y el número de ellos. Lo conocemos regularmente con el nombre de promedio y su fórmula es:

$$\bar{x} = \frac{\sum x}{n}$$

Media geométrica: Cada uno de los medios de una proporción continua y es igual a la raíz cuadrada del producto de los extremos.

Mediana (de un triángulo): Segmentos que unen los puntos medios de los lados de un triángulo.

Mediana (de un trapecio): Segmento que une los puntos de los lados no paralelos del trapecio.

Mediana (de un conjunto de datos): Valor central una vez ordenados los datos ascendente o descendentemente. La posición de la mediana, de ser impar el número de datos es $\frac{n+1}{2}$; y de ser par el número de los datos, la posición de la mediana es entre las posiciones $\frac{n}{2}$ y $\frac{n+2}{2}$, en cuyo caso se busca la media de los datos que están en esa posición.

Mediatriz (de un triángulo): Recta perpendicular, en el punto medio de un lado.

Mega: Prefijo que significa un millón.

Megámetro: Medida de longitud que equivale a 1.000 kilómetros.

Mensurable: Que se puede medir.

Metría: Sufijo que significa medida. Ejemplo: geometría → geo: tierra y metría: medida.

Micra: Medida de longitud equivalente a la millonésima parte de un metro.

Micro: Prefijo que significa la millonésima parte de la unidad principal.

Mili: Prefijo que indica milésima parte.

Miligramo: Milésima parte de un gramo.

Milímetro: Milésima parte del metro.

Milla: Unidad de longitud equivalente a 1.609,347 metros.

Millón: Mil veces mil.

Mínimo común múltiplo: Es el menor de los múltiplos comunes a varios números.

Minuendo: Cantidad de la que se resta otra en una sustracción.

Miria: Prefijo que significa diez mil.

Mitad: Cada una de las dos partes iguales en que se divide un todo.

Mixto: Número compuesto de un entero y una fracción.

Moda: Medida de tendencia central correspondiente al término que más se repite. Término de mayor frecuencia, en algunos casos hay más de una moda. Por ejemplo: si dos números se repiten la misma cantidad mayor de veces, en este caso decimos que la muestra es bimodal.

Monomio: Expresión algebraica de un solo término. Ejemplo: 7ª.

Muestreo: Estudia las relaciones existentes entre una población y muestras extraídas de la misma.

Muestra: Un subgrupo de la población con el que se lleva a cabo un estudio o experimento. Su tamaño es n (minúscula).

Muestra aleatoria simple: Se selecciona de modo que cada miembro de la población tenga la misma oportunidad de ser incluido en la muestra.

Muestreo estratificado: Requiere que una población se divida en porciones; cada porción es un estrato; para producir una muestra estratificada, se toman muestras aleatorias de cada estrato; no es necesario que estas muestras sean del mismo tamaño. Ejemplo: género masculino y femenino son dos estratos.

Multiplicación: Operación aritmética que consiste en sumar tantas veces un número como lo indica otro número. Ambos son los factores y el resultado es el producto.

Múltiplo: Cantidad aritmética o algebraica que es producto de otras dos que son divisores de ellas.

IN: Símbolo que designa al conjunto de los números naturales, o sea, el 1, 2, 3, 4, 5.

Notación: Representación, forma particular de representar una situación matemática, ya sea un número, una expresión, una operación, una figura.

Notación decimal: Se refiere al valor numérico de una fracción.
Por ejemplo: 3/10 = 0.3.

Notación desarrollada: Escribir un número como la suma del valor de sus dígitos. Por ejemplo: 6,895 = 6,000 + 800 + 90 + 5.

Notación expandida: Escribir un número de tal manera que se muestra el valor de cada dígito. Se muestra como la suma de cada dígito multiplicado por su valor de ubicación (unidades, decenas, centenas, etc.) Por ejemplo: 4,265 = 4 x 1,000 + 2 x 100 + 6 x 10 + 5 x 1.

Notación exponencial: Escribir un número como expresión de una multiplicación sucesiva como una potencia.

Numerable: Conjunto con el que se puede establecer una correspondencia biyectiva con el conjunto de los números naturales.

Numerador: Parte de una fracción que indica las partes que se toman de una partición.

Número complejo: Número de la forma a + ib con a y b, números reales e i^2 = -1. También pueden ser representados por pares ordenados (a, b) donde **a** y **b** son números reales. El elemento **a** recibe el nombre de parte real y **b** parte imaginaria.

Número compuesto: Número que no es primo (excepto el uno).

Número de Fermat: Todo número de la forma 2^{2n}+1; para cada n=1, 2, 3 ...

Número factorial: El producto de números consecutivos naturales
$$n! = (n) \cdot (n-1) \cdot (n-2) \cdot \ldots \ldots \ldots 3 \cdot 2 \cdot 1$$
En esta expresión se define que 0! = 1 y que 1l = 1.

Número fraccionario: Número que expresa una o varias partes de la unidad.

Número imaginario: Número que resulta de extraer la raíz cuadrada de un número negativo.

Número impar: Número que no es divisible exactamente por dos.

Número mixto: Número compuesto de entero y fracción.

Número negativo: Número menor que 0.

Número ordinal: El que expresa idea de orden o sucesión.

Número par: Número divisible exactamente por dos. Residuo cero.

Número perfecto: Número entero y positivo igual a la suma de sus divisores positivos, excluido él mismo.

Números pitagóricos: Ternas de números enteros positivos tales que el cuadrado de uno de ellos es igual a la suma de los cuadrados de los otros dos. Si las longitudes de los dos lados de un triángulo son enteras y pitagóricas, el triángulo es rectángulo.

Número positivo: Número mayor que 0.

Número primo: El que solo es exactamente divisible por sí mismo y por uno. Los primeros son: 2, 3, 5, 7, 11, 13, 17, 19 ...

Número racional: Un número racional que puede ser escrito como un cociente de dos entero α , b ≠ 0.

Número real: Cualquier número racional o irracional.

Número trascendente: Número que no es raíz de ninguna ecuación algebraica con coeficientes racionales.

Número triangular: Número natural de la sucesión $n_0 = 1$, n_1 ... n_r ..., en la que $n_r = n_{r-1} + r + 1$... El número n_r es el de los puntos marcados en un esquema geométrico formado con triángulos.

Oblicuángulo: Triángulo que no tiene ningún ángulo recto.

Obtusángulo: Triángulo que tiene un ángulo obtuso.

Octógono: Polígono de ocho lados.

Octante: Cada una de las ocho partes iguales en que se puede dividir un círculo.

Octavo: Cada una de las ocho partes que se puede dividir un todo o una unidad.

Onda cosenoidal (ciclo): La parte de la gráfica de la función coseno correspondiente a 0 ≤ x ≥ 2 π.

Onda senoidal (ciclo): La parte de la gráfica de la función seno correspondiente a 0 ≤ x ≥ 2 π.

Operación binaria: Operación que se realiza con dos elementos al mismo tiempo.

Ordenada: Segundo componente del par ordenado (x, y) que determina un punto del plano en un sistema de coordenadas cartesianas.

Origen: Punto de intersección de los ejes de un sistema de coordenadas cartesianas.

Ortocentro: Punto del triángulo donde se cortan las alturas. Este punto es el centro de la circunferencia circunscrita al triángulo.

Ortoedro: Paralelepípedo cuyas bases son rectángulos y sus aristas laterales perpendiculares a las básicas.

Ortogonal: Lo que está en ángulo recto.

Par: Todo número entero múltiplo de 2. Se representa por 2n.

Parábola: Lugar geométrico de todos los puntos del plano que equidistan, a la vez, de un punto dado y de una recta dada. El punto dado es el foco y la recta dada, la directriz de la parábola. Gráfica que resulta de una ecuación cuadrada $y = ax^2 + bx + c$.

Paradoja: Razonamiento que parece demostrar que es cierto algo que evidentemente es falso.

Paralelepípedo: Prisma cuyas bases son paralelogramos.

Paralelogramos: Cuadriláteros cuyos lados opuestos son paralelos. Además, todos los paralelogramos verifican las siguientes propiedades: los lados opuestos tienen la misma longitud, los ángulos opuestos son congruentes y las diagonales se cortan en su punto medio.

Paralogismo: Razonamiento incorrecto.

Paréntesis: Signo () en el que quedan encerradas ciertas operaciones y que indica el orden en que deben efectuarse.

Parte: Porción determinada de un todo.

Partición: Una partición del intervalo [a, b] es una colección de intervalos contenidos en [a, b], disjuntos dos a dos y cuya unión es [a,b].

Penta: Prefijo griego que significa cinco.

Pentadecágono: Polígono de 15 lados.

Pentadecágono regular: Polígono de 15 lados iguales. Cada ángulo interior mide 156°.

Pentágono: Polígono de 5 lados.

Pentágono regular: Polígono de 5 lados iguales. Cada ángulo interior mide 108°.

Perímetro: Longitud de una curva cerrada.

Perímetro de un polígono: Corresponde a la suma de las longitudes de sus lados.

Período: En una función periódica es la longitud del intervalo más pequeño que contiene exactamente una copia del patrón repetido (lo que tarda la función en repetirse).

Perpendicular: Dos figuras, como por ejemplo, rectas, segmentos, rayos, planos, que se intersecan formando ángulos rectos.

Pi: Número irracional que corresponde a la razón entre la longitud de la circunferencia y su diámetro.

$$\pi = \frac{C}{d}$$

Este número tiene esta aproximación $\pi \approx 3.14159$ a cinco cifras después del punto, pero la aproximación más común es 3.14.

Pirámide: Cuerpo geométrico que tiene como base un polígono cualquiera y como caras laterales triángulos con un vértice común.

Pirámide truncada: Porción de pirámide comprendida entre la base y un plano paralelo a ella.

Plano cartesiano: Está formado por dos rectas numéricas perpendiculares, una horizontal y otra vertical que se cortan en un punto. La recta horizontal es llamada **eje de las abscisas** o de las equis (x), y la vertical, **eje de las ordenadas** o de las yes, (y); el punto donde se cortan recibe el nombre de **origen**. El **plano cartesiano** tiene como finalidad describir la posición de puntos, los cuales se representan por sus **coordenadas o pares ordenados**.

Planos paralelos: Planos que no tienen ningún punto en común.

Población: Grupo de todos los objetos, personas u observaciones sobre los que se debe recolectar información. Su tamaño se expresa con la **N** mayúscula.

Poliedro: Sólido limitado por polígonos llamados caras.

Poliedro regular: Poliedro cuyas caras son polígonos regulares.

Polígono: Figura plana limitada por una línea poligonal cerrada.

Polígono circunscrito: Un polígono está circunscrito a una circunferencia cuando sus lados son tangentes a la misma.

Polígono convexo: Polígono cuyos ángulos interiores son todos menores o iguales a 180°.

Polígono equiangular: Polígono que tiene todos sus ángulos interiores iguales.

Polígono equilateral: Polígono que tiene todos sus lados iguales.

Polígono inscrito: Un polígono está inscrito en una circunferencia cuando todos sus vértices son puntos de la circunferencia.

Polígono circunscrito: Todos los lados del polígono son tangentes a una circunferencia.

Polígono regular: Polígono que tiene de igual medida sus lados y congruentes sus ángulos.

Polígonos semejantes: Dos polígonos son semejantes si tienen ángulos iguales y sus lados correspondientes proporcionales.

Polinomio (en una sola variable): Expresión algebraica con la forma general
$$a_n x^n + a_{n-1} x^{n-1} + a_{n-2} x^{n-2} + ...a_1 x^1 + a_0$$
donde n es un número entero y los coeficientes a_i son números reales para
i = 0, 1,2...., n.

Porcentaje: Es una forma de expresar un número como una fracción de 100.

Postulado: Principio que se admite sin demostración.

Potencia: Producto de un número, llamado base, por sí mismo, n veces.

Primo: Número divisible solo por sí mismo y por la unidad 1. Los primeros naturales son: 2, 3, 5, 7, 11...

Primos entre sí (relativamente primos): Números cuyo único divisor es el 1.

Prisma: Poliedro limitado por varios paralelogramos y por dos polígonos iguales cuyos plano son paralelos.

Probabilidad: La razón del número favorable de resultados al número total de resultados.

Probabilidad condicional: Es la probabilidad de que un evento suceda dado que un evento inicial ya ha ocurrido; la probabilidad de que el evento B suceda dado que el evento A ya ha ocurrido, se representa como $P(B \mid A)$.

Probabilidad experimental (de un evento): La razón entre la cantidad de veces que un evento ocurre y la cantidad total de pruebas.

Probabilidad teórica (de un evento): La razón entre el número de resultados en un evento y el número total de resultados en el espacio de muestra, donde cada resultado en el espacio de muestra tiene la misma probabilidad de ocurrir; puede escribirse como P(E).

Producto: Es el resultado que se obtiene al multiplicar dos o más factores.

Proporción: Es la igualdad de dos razones.

Proporcionalidad inversa: Dos cantidades son inversamente proporcionales si al multiplicar una, la otra disminuye en el mismo factor.

Punto medio: En matemática, es el punto que se encuentra a la misma distancia de cualquiera de los extremos de un segmento y divide al mismo en dos partes iguales. En ese caso, el punto medio es único y equidista de los extremos del segmento. Por cumplir esta última condición, pertenece a la **mediatriz** del segmento.

Formula de punto medio: Si $A(x_1, y_1)$ y $B(x_2, y_2)$ son dos puntos en el plano cartesiano. Entonces el punto medio del segmento AB se define por:

$$M\left(\frac{x_1 + x_2}{2}, \frac{y_1 + y_2}{2}\right).$$

Q: Símbolo con el que se representa el conjunto de los números racionales.

Quintal: Medida de peso que equivale a 100 kg.

Quinto: Cada una de las partes que resultan al dividir un todo o unidad en cinco partes iguales.

Quíntuplo: Cinco veces una cantidad.
I_R: símbolo con el cual se designa a los números reales.

Racionalizar: Operación que consiste en eliminar la raíz del denominador.

Radián: Unidad de medida de ángulos que equivale a un ángulo que con el vértice en el centro de la circunferencia subtiende un arco de longitud igual al radio de esta circunferencia.

Radicación: Operación inversa a la potenciación que consiste en encontrar la base de una potencia, dados el resultado de ella y su exponente.

Radical: Símbolo que indica la operación de extraer raíz.

Radio (de una circunferencia): Segmento que une el centro con un punto cualquiera de la circunferencia.

Radio (de una esfera): Segmento que une el centro de la esfera con un punto cualquiera de la superficie esférica.

Raíz (de una ecuación): Solución de una ecuación.

Raíz cuadrada: Expresión radical de índice dos.

Raíz cúbica: Expresión radical de índice tres. $\sqrt[3]{x}$

Rango: En Estadística es la diferencia entre el mayor y el menor de los datos ordenados.

Razón: Comparación entre dos cantidades.

Razón de cambio: Se refiere a la medida en la cual una variable se modifica con relación a otra. Se trata de la magnitud que compara dos variables a partir de sus unidades de cambio.

Recíproco: Corresponde al valor inverso de un número, de manera tal que al efectuar el producto entre ambos resulta **1**.

Recta: Es la representación gráfica de una función de primer grado. Toda función de la forma y = ax + b de IR en IR representa una línea recta en el plano cartesiano.
En la Geometría, la recta es un conjunto infinito de puntos colineales.

Rectas paralelas: Rectas, en un mismo plano, que no tienen puntos en común, rectas contenidas en el mismo plano y no se intersecan.

Rectas perpendiculares: Rectas que al cortarse forman un ángulo de 90°.
(Eliminar palabra línea y colocarla bajo la R).

Rango (campo de valores o alcance): Es el conjunto formado por los segundos elementos de los pares ordenados en una relación o función.

Razón de cambio: Se refiere a la medida en la cual una variable se modifica con relación a otra. Se trata de la magnitud que compara dos variables a partir de sus unidades de cambio.

Rectángulo (triángulo): Triángulo que tiene un ángulo recto. En este se aplica el Teorema de Pitágoras.

Rectángulo (cuadrilátero): Paralelogramo con lados opuestos iguales y sus cuatro ángulos congruentes.

Rectángulo (trapecio): Trapecio que tiene un lado perpendicular a las bases.

Recursión: Proceso de usar una fórmula recursiva.

Reflexión (en una línea): Transformación que empareja cada punto de la línea con sí mismo y cada punto de la preimagen con un punto correspondiente de la imagen, de manera que la línea de reflexión sea la bisectriz perpendicular del segmento que conecta cada punto en la preimagen con su imagen; una reflexión en una línea m se representa como r_m.

Reflexiva: Propiedad de las relaciones binarias que indica que todo elemento está relacionado consigo mismo.

Región: Parte del espacio.

Relación: Una _relación_ es una regla de correspondencia que a cada elemento de un conjunto A le asigna elementos en un conjunto B. Es un conjunto de pares ordenados.

Residuo: La cantidad que sobra luego de una división (como pasa si un número no puede ser dividido exactamente por otro).

Revolución: Rotación alrededor de un eje de cualquier figura.

Rombo: Paralelogramo de cuatro lados y dos pares de ángulos congruentes.

Romboide: Paralelogramo que tiene dos lados opuestos iguales y dos pares de ángulos opuestos congruentes.

Rotación: Giro alrededor de un eje.

Sagita: Perpendicular del arco a su cuerda en el punto medio.

Secante: Recta que intercepta a la circunferencia en dos puntos no coincidentes. Toda secante determina una cuerda. En textos anteriores se refiere a la recta transversal.

Sección: Figura que resulta de la intersección de una superficie con un sólido.

Sección cónica: Sección que se origina al cortar con un plano un cono circular recto. Surgen de este corte las famosas cónicas: el círculo, la elipse, la parábola y la hipérbola.

Sector circular: Región limitada por dos radios y el arco subtendido por ellos.

Segmento: Porción de recta limitada por dos puntos.

Segmento circular: Región limitada por una cuerda y el arco determinado por ella.

Segundo: Unidad de tiempo que equivale a la 1/60 parte de un minuto.

Semana: Período de tiempo de siete días.

Semejantes (Figuras): Figuras cuyos ángulos correspondientes son congruentes y sus segmentos correspondientes proporcionales.

Semejantes (Términos): Términos que tienen el mismo factor literal.
Por ejemplo: 5ab y -7ab.

Semestre: Período de seis meses.

Semi: Prefijo que significa mitad.

Seno (de un ángulo): Razón entre el cateto opuesto al ángulo y la hipotenusa en un triángulo rectángulo. En el círculo unitario, es el valor y de las coordenadas del punto en la circunferencia que coincide con el ángulo o el radian al que le buscamos el seno.

Serie: Es la suma de los términos de una sucesión.

Serie aritmética: Serie cuyos términos forman una progresión aritmética.

Serie convergente: Serie que tiene un límite definido.

Serie divergente: Serie que no tiene un límite definido.

Serie geométrica: Serie cuyos términos forman una progresión geométrica.

Serie geométrica infinita: Es aquella en la que cada término es el término anterior multiplicado por una constante.
> Por ejemplo: 1, 2, 4, 8... En la que cada término es el anterior multiplicado por 2. "Resolver" una serie geométrica infinita quiere decir calcular si tiene una suma no infinita, y si la tiene, averiguar cuál es.

Sexagesimal: Sistema de medición de ángulos. Divide a la circunferencia en seis partes de 60º cada una, obteniendo un giro completo de 360º.

Sexagésimo: Cada una de las 60 partes iguales en que se puede dividir un todo.

Sexto: Cada una de las seis partes iguales en que se puede dividir un todo.

Sextuplo: Seis veces una cantidad.

Siglo: Período de tiempo correspondiente a cien años.

Sigma: Letra griega correspondiente a nuestra S, la mayúscula ($\sum$) se utiliza para denotar una sumatoria y la minúscula (σ) se utiliza como variable de una desviación estándar.

Símbolo: Representación convencional de un número, cantidad, relación, operación, etc.

Simetría: Cuando un polígono se puede doblar resultando dos mitades exactamente iguales, el polígono tiene simetría. La línea de doblez se llama línea de simetría.

Simetría axial: Es la simetría con respecto a un eje o recta.

Simetría radial: Simetría con respecto al centro de un círculo.

Simplificar: Es transformar una fracción en otra equivalente cuyos términos son menores que la fracción original.

Sistema de Numeración: Conjunto de normas que se utilizan para escribir y expresar cualquier número.

Sucesión: Es un conjunto ordenado de objetos matemáticos, generalmente números. Cada uno de ellos es denominado *término* (también *elemento* o *miembro*) de la sucesión y al número de elementos ordenados (posiblemente infinitos) se le denomina la *longitud* de la sucesión. No debe confundirse con una serie matemática, que es la suma de los términos de una sucesión. De manera formal, una sucesión puede definirse como una función sobre el conjunto de los números naturales (o un subconjunto del mismo) y es por tanto una función discreta.

Sucesión aritmética: Sucesión de números reales tal que la diferencia entre cada término y su precedente es una diferencia constante; a esta diferencia "d" se la denomina razón de la progresión, tal como: 2, 5, 8, 11, 14 ...

Sucesiones convergentes: Son las que tienen límite.

Sucesión geométrica: Sucesión de números reales tal que cada término se obtiene multiplicando su precedente por un valor constante "r", denominado razón de la progresión. Por ejemplo 3, 6, 12, 24, 48 ....

Suceso: Es una de las conclusiones posibles de un experimento aleatorio.

Sucesos Independientes: Dos sucesos son independientes si el resultado de uno no afecta el resultado del otro.

Sumatoria: Proceso consecutivo de sumas. Generalmente, se escribe así $\sum x$, pero con sus indicadores se escribe así: $\sum_{i=1}^{n} x_n = x_1 + x_2 + \ldots + x_n$. Pueden existir dobles sumatorias, en cuyo caso se usan generalmente i y j como subscritos.

Ejemplo: $\sum_{i=1}^{n}\sum_{j=1}^{m} x_{ij}$ donde x_{ij} es un elemento de una matriz.

Tangente: Recta que interseca a la circunferencia en un solo punto, llamado punto de tangencia. Es perpendicular al radio que pasa por ese punto.

Teorema de Pitágoras: En un triángulo rectángulo, el cuadrado de la longitud del lado más largo (la hipotenusa) es igual a la suma de los cuadrados de las longitudes de los demás lados (los catetos). $c^2 = \alpha^2 + b^2$.

Teorema del residuo: Si un polinomio de x, f(x), se divide entre (x - a), donde a es cualquier número real o complejo, entonces el residuo es f(a).

Término algebraico: Expresiones que contienen números y variables (letras).

Términos semejantes: Parte literal en forma idéntica.

Teselado: Un patrón de formas repetidas que cubre un plano entero sin espacios ni traslapes.

Transversal: Recta que interseca a otras dos rectas coplanarias en dos puntos diferentes. En otros textos se refieren a esta como secante.

Trapecios: Cuadrilátero irregular que tiene paralelos en solamente dos de sus lados.

Trapecio isósceles: Cuadrilátero con dos lados paralelos y con los otros no paralelos congruentes. Tiene dos pares de ángulos congruentes y dos pares de ángulos suplementarios. .

Trapezoides: Cuadrilátero irregular que no tiene ningún lado paralelo a otro.

Triángulo acutángulo: Triángulo que tiene sus tres ángulos agudos.

Triángulos semejantes: Dos triángulos son semejantes si tienen sus ángulos correspondientes congruentes y lados correspondientes proporcionales.

Triángulo obtusángulo: Triángulo con un ángulo interior mayor de 90°.

Triángulo rectángulo: Triángulo con un ángulo interior de 90°.

Triángulos semejantes: Son triángulos con las mismas medidas de sus tres ángulos.

Trigonometría: Estudio de las relaciones entre los lados y los ángulos de un triángulo por las funciones trigonométricas de los ángulos.

Trinomio: Expresión algebraica de tres términos.

Valor absoluto: Valor positivo de una cifra, independiente del lugar que ocupe o del signo que vaya precedida. Existe también, el **opuesto del valor absoluto**, en cuyo caso es un valor siempre negativo.

Valor relativo: Valor que depende de la posición que dicha cifra ocupa en el número.

Variable: Un símbolo, usualmente una letra, que representa un número.

Variación combinada: Se dice que z varía directamente con x e inversamente con y, si existe k>0 de forma tal que z = kx/y.

Variación conjunta: Se dice que z varía conjuntamente con x e y (varía directamente con ambas variables), si existe k>0 de forma tal que $z = kxy$.

Variación directa: Se dice que y varía directamente con x (y es directamente proporcional a x), si existe k>0 de forma tal que $y = kx$.

Variación inversa: Se dice que y varía inversamente con x (y es inversamente proporcional a x), si existe k>0 de forma tal que $y = k/x$.

Velocidad angular: En una rueda que gira a velocidad constante, es el ángulo generado en una unidad de tiempo, por un segmento del centro del círculo a un punto P de la circunferencia.

Velocidad lineal: De un punto P de la circunferencia es la distancia que recorre por unidad de tiempo.